绿色环保 从我做起

生活节水

江 洪 唐在林 主编

全国百佳图书出版单位
化学工业出版社
·北京·

“绿色环保从我做起丛书”包括《垃圾分类》《低碳生活》《生态文明》《节能减排》《生活节水》《远离雾霾》六个分册，采用科学的视角和生动的形式，对绿色环保行动进行了深入浅出的讲解，将一些看似熟悉却又陌生的知识融入有趣的漫画中，通过容易理解的趣味漫画，轻松地勾勒出绿色环保的新概念。

《生活节水》（全彩版）几乎涵盖了生活中能够做到节水的方方面面，告诉大家从生活中这些小细节做起，简单又环保。具体内容包括：你真的了解水吗、节水从日常生活做起、选对器具也能节水、你应该知道的公共节水、不可忽视的水循环、国外节水经验分享。

本书旨在普及环境保护知识，倡导绿色环保理念，适合所有对环保感兴趣的大众读者，尤其是青少年和儿童亲子阅读。

图书在版编目（CIP）数据

生活节水：全彩版 / 江洪，唐在林主编. —北京：化学工业出版社，2019.12（2023.11重印）
（绿色环保从我做起）
ISBN 978-7-122-35896-7

Ⅰ. ①生… Ⅱ. ①江…②唐… Ⅲ. ①节约用水－青少年读物 Ⅳ. ① TU991.64-49

中国版本图书馆CIP数据核字（2019）第297445号

责任编辑：刘　婧　刘兴春　　装帧设计：史利平
责任校对：刘　颖

出版发行：化学工业出版社（北京市东城区青年湖南街13号　邮政编码100011）
印　　装：涿州市般润文化传播有限公司
710mm×1000mm　1/16　印张8¼　字数109千字　2023年11月北京第1版第6次印刷

购书咨询：010-64518888　　售后服务：010-64518899
网　　址：http://www.cip.com.cn
凡购买本书，如有缺损质量问题，本社销售中心负责调换。

定　　价：39.80元

编写人员

主　　编：江　洪　唐在林

参编人员：

白雅君　刘　洋　吕佳芮　李玉鹏
吴耀辉　金　冶　赵冬梅　高英杰
王旅东

前言

为贯彻落实党的十九大精神，大力推动全社会节水，全面提升水资源利用效率，形成节水型生产生活方式，保障国家水安全，促进高质量发展，国家发展改革委、水利部，于 2019 年 4 月 15 日联合印发并实施了《国家节水行动方案》。该方案中提出，到 2020 年，节水政策法规、市场机制、标准体系趋于完善，万元国内生产总值用水量、万元工业增加值用水量较 2015 年分别降低 23% 和 20%，规模以上工业用水重复利用率达到 91% 以上，节水效果初步显现；到 2022 年，全国用水总量控制在 6700 亿立方米以内，节水型生产和生活方式初步建立；到 2035 年，全国用水总量控制在 7000 亿立方米以内，水资源节约和循环利用达到世界先进水平。

长期以来，人们普遍认为水是“取之不尽，用之不竭”的，不知道爱惜，浪费挥霍。我国水资源人均拥有量并不丰富，地区分布不均衡，年内变幻莫测，年际差别很大，再加上污染，使得水资源更加紧缺。

据分析，只要注意改掉不良的用水习惯，家庭节水可达 70% 左右。

与浪费水有关的习惯很多，例如，用抽水马桶冲掉烟头和碎细废物；为了接一杯热水，而白白放掉许多凉水；先洗土豆、胡萝卜后削皮，或冲洗之后再择蔬菜；间歇用水时，不关水龙头；停水期间，忘记关水龙头；洗手、洗脸、刷牙时，让水一直流着；睡觉之前、出门之前，不检查水龙头；设备漏水，不及时修好等。而通过安装使用一些节水器具、利用好水循环等，都能达到节水的目的。

本书内容紧紧围绕生活节水展开，系统地介绍了生活节水的相关知识，主要内容包括：你真的了解水吗、节水从日常生活做起、选对器具也能节水、你应该知道的公共节水、不可忽视的水循环、国外节水经验分享。本书表现形式非常新颖，图文并茂，形象、生动地将与“生活节水”有关的信息以更加直观、简明的方式体现出来，可读性强，适合所有对环保感兴趣的读者尤其是青少年阅读。

限于编者水平和学识，书中疏漏及不足之处在所难免，恳请广大读者提出宝贵意见，以便做进一步修改和完善。

编　者

2019 年 8 月

第一章 你真的了解水吗

第二章 节水从日常生活做起

第三章 选对器具也能节水

第四章 你应该知道的公共节水

第六章
国外节水经验分享

第五章
不可忽视的水循环

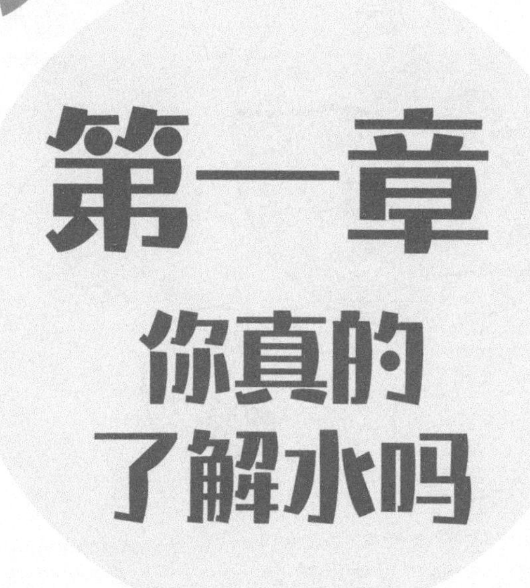

第一章

你真的了解水吗

1. 水的家族有多大

水有一个非常庞大的家族，家族中的成员以固态、液态和气态三种形态存在。固态水包括冰、雪、霜、冰雹；液态水包括云、雨、雾、露；气态水主要是水蒸气。

云： 水蒸发上升到高空冷凝成小水滴聚集而成。

雨： 云层中的小水滴聚集成大水滴并落到地面，聚集过程要有凝结核。

雾： 水蒸气在近地面遇冷凝结聚集形成。

露： 夏季早晨水蒸气遇冷凝结汇聚在植物表面形成的液态水。

霜：深秋、冬季早晨水蒸气遇冷凝华成冰晶附着在地面或植物表面。

雪：云层中的水蒸气遇冷凝华（或液化后凝固）形成冰晶汇聚进而形成雪。

冰雹：剧烈翻滚的云层中，下部温度较高，上部温度较低，水凝固或凝华形成的冰在云层下部融化，迅速被带到云层上部又被冻结，并在这一过程中不断增大，然后就形成冰雹了。

2. 为什么说水是生命之源

水是生命之源、生产之要、生态之基，社会发展一刻也离不开水，因此，要正确处理好生态、生活与生产用水之间的关系。

水是生物体的重要组成部分，一般占生物体质量的 60% ~ 95%。

人体含水量大约占体重的70%。人体中，脑髓含水75%、血液含水83%、肌肉含水76%、骨骼里含水22%；

一棵生长茂盛的树木含水量约为50%；

路边的小草含水量为70% ~ 80%；

西瓜、西红柿、黄瓜等含水量在90%以上；

大米的含水量约为14%。

此外，水在生物生长过程中也是必不可少的。生物新陈代谢、吸收营养、排出废物、维持细胞活力都必须依赖水进行。

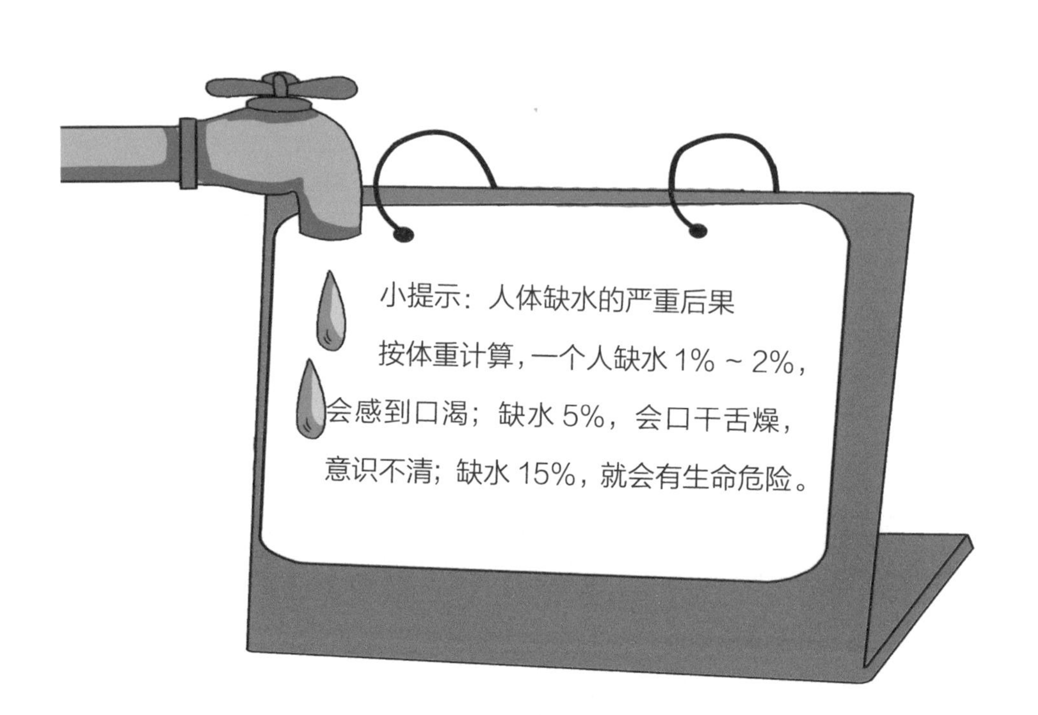

3. 什么是水资源

水作为大自然赋予人类的宝贵财富，一直与人类的生存息息相关，自从有人类以来，人们就十分关注水的问题。

水资源是近几十年才引起人们重视的，关于水资源的解释有很多，一般分为广义和狭义两种。

广义的水资源是指自然界一切形态的水，包括气态水、液态水和固态水。

狭义的水资源是指可供人类直接利用，能不断更新的天然淡水。这主要是指陆地上的地表水和地下水。通常以淡水体的年补给量作为水资源的定量指标，如用河川年径流量表示地表水资源量，用含水层补给量表示地下水资源量。

《中华人民共和国水法》中规定：本法所称水资源，包括地表水和地下水。

水资源具有补给的循环性、变化的复杂性、利用的广泛性和利害的双重性等特点。水资源在自身的循环过程中，可以不断地恢复和更新，在时空分布上具有明显的不均衡性，在生产生活中的利用无处不在，同时水的多寡也是一把双刃剑，水利和水害双重性十分明显。

4. 什么是水污染

水污染，也称水体污染，是指污染物进入河流、湖泊、海洋或者地下水等水体后，使水体的水质和水体底泥的物理、化学性质或生物群落组成成分发生变化，水体失去原有功能，从而降低了水体的使用价值和使用功能的现象。

按水体类型可分为河流污染、湖泊污染、海洋污染、地下水污染等。

（1）河流污染

河流污染特点如下。

① 污染程度随径流量而变化。在排污量相同的情况下，河流径流量越大，污染程度越低；径流量的季节性变化，带来污染程度在时间上的差异。

② 污染物扩散快。河流的流动性，使污染的影响范围不限于污染发生区，上游遭受污染会很快影响到下游，甚至一段河流的污染，可以波及整个河道的生态环境（考虑到鱼的洄游等）。

③ 污染危害大。河水是主要的饮用水源，污染物通过饮水可直接毒害人体，也可通过食物链和灌溉农田间接危及人身健康。

（2）湖泊污染

湖泊污染是污水流入使湖泊受到污染的现象。当汇入湖泊的污水过多而超过湖水的自净能力时，湖水水质发生变化，使湖泊环境严重恶化，出现了富营养化、有机污染、湖面萎缩、水量剧减、沼泽化等环境问题，严重影响了湖泊水资源的有效利用，进而破坏了湖泊生态环境。

目前，我国鄱阳湖、洞庭湖、太湖、洪泽湖、巢湖、滇池、丹江口水库、三峡水库、小浪底水库等污染问题严重，这些湖泊对于用水、航运、旅游、防洪以及经济发展都有非常重要的作用，如果不加紧监管和治理，后果将不可想象。

(3) 海洋污染

指有害物质进入海洋环境而造成的污染，会损害生物资源，危害人类健康，妨碍捕鱼和人类在海上的其他活动，损害海水质量和环境质量等。

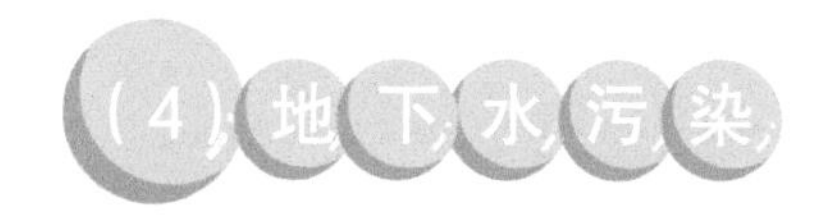

(4) 地下水污染

地表以下地层复杂，地下水流动极其缓慢，因此，地下水污染具有过程缓慢、不易发现和难以治理的特点。地下水一旦受到污染，即使彻底消除其污染源，也得十几年，甚至几十年才能使水质复原。

5. 什么是地下水漏斗

什么是地下水漏斗呢？简单理解就是地下蓄水层始终保持着一个稳定的状态，如果人类不合理地利用地下水资源，尤其是超量开采地下水，就会导致用水速度大于补给速度，最终会形成地下采空区，形成漏斗状形态，而且如果继续不合理用水，这个漏斗会不断变大。

地下水漏斗的出现，会引发一系列问题。

① 地下水沉降不均匀，造成地面、房屋出现大量裂缝，而毁坏农田和村庄。

② 地下水位下降，人们加大开采，形成恶性循环，工农业发展也遇到更大的难题。

③地下水采空，大量废水污水灌入填充，地下水水质遭到污染。

④华北平原靠近渤海和黄海，地下水位下降会导致海水倒灌，引起更加严峻的问题。

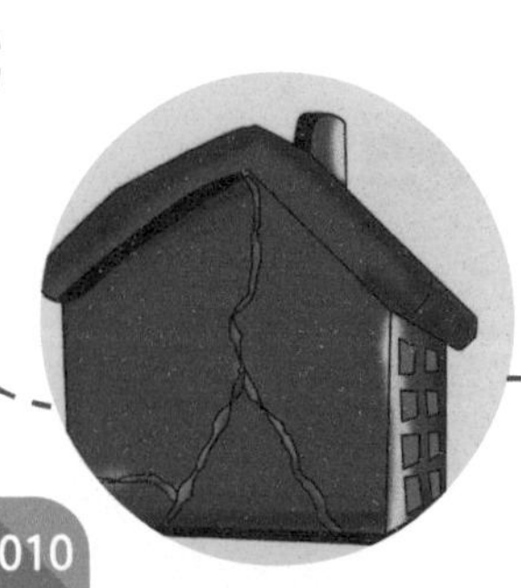

首先,应该采取法律措施,制定完善的改善策略,政府职能部门加强监管,保证红头文件落到实处。

其次,节约用水。鼓励农业用水实行滴灌、喷灌技术,科学合理地种植作物,尽量恢复上游河水供给,各部门妥善协作,加大民众教育力度,现在生活浪费水资源随处可见。

最后,实行跨流域调水,如现在的南水北调等跨流域调水工程,一定程度上也能解决缺水问题。

6. 自来水是自来的吗

用户随时打开水龙头,自来水就会从自来水管道中流出来,因此,人们往往望文生义,以为自来水就是自来的。其实,自来水并非自来!那么,自来水究竟是如何输送到千家万户的呢?

自来水厂通过取水泵来采集原水，经过投加净水剂，混合、絮凝、沉淀、过滤、消毒等一系列有针对性的物理、化学处理工艺，生产出符合国家水质标准的自来水，最终通过供水泵站和遍布城市的供水管网送达千家万户。

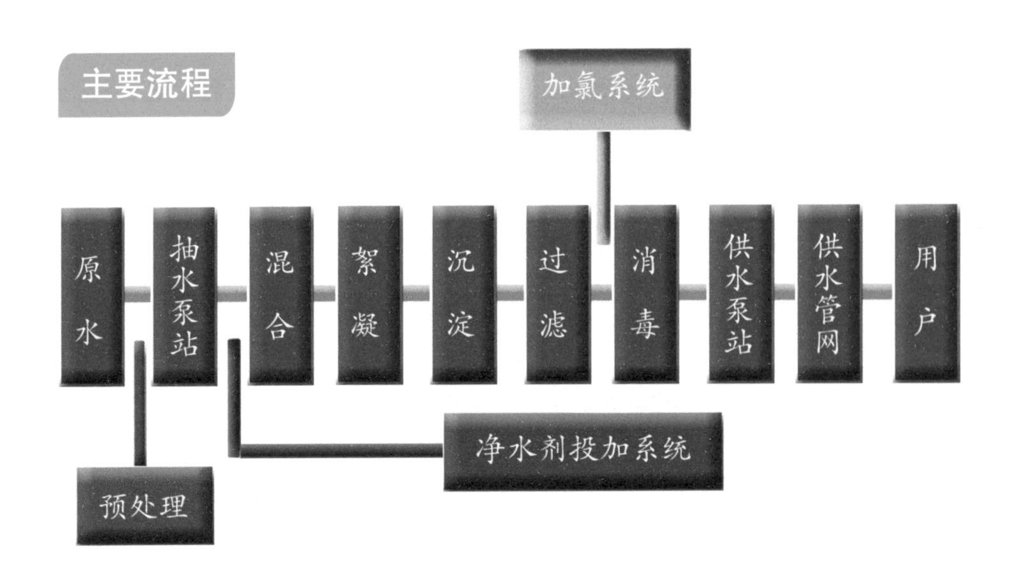

7. 我国是一个严重缺水的国家

（1）淡水资源非常有限

打开一幅世界地图或转动一下地球仪，你就会发现我们的地球表面是一片汪洋，水连着水，而陆地则像是水中的几个岛屿。难怪有人说，地球应该叫作水球呢！地球表面积共约 5.1 亿平方千米，陆地仅占 29%。

水在地球上分布广、数量大，总储量约为 1.39×10^{18} 立方米，约 96.53% 为海洋，0.94% 为湖泊咸水和地下咸水，淡水只占总水量的 2.53%。而淡水中 68.7% 为冰川及永久雪盖，30.1% 为地下水，1.2% 为江、河、湖、土壤和大气圈中的水，人类能够利用的淡水极少。

淡水 2.53%

（包括冰川、地下淡水和其他淡水）

湖泊咸水和地下咸水 0.94%

海洋 96.53%

地球上水体的存在形式和比例

（2）水资源分布极不均衡

我国人多地少，水资源总量虽居世界第 4 位，但人均占有量仅为世界均值的 1/4，是全球 13 个人均水资源最贫乏的国家之一。

我国的降水地区差异大，东南沿海地区降水量较大，较为湿润，而越往西北内陆，降水量就越小，干旱也就逐渐加重。从降水的时间分配来看，也很不均衡，我国降水集中在夏秋季节，相比之下，冬春季雨水要少些。

（3）水污染加剧了水资源的紧缺程度

水污染使得原本水资源丰富的“水乡”地区闹起了“水荒”，原本缺水的地区更是“滴水贵如油”。

滴水贵如油

目前，在我国政府的带领下，水体质量已有较大提升，但水资源紧缺程度依然较重。

（4）气候变化让水资源变得更加紧缺

随着煤、石油、天然气的大量使用，产生的二氧化碳等温室气体使全球变暖加剧，极端天气频发，我国由北旱南涝变成了北旱南也旱，水资源利用面临严峻挑战。

8. 世界水日与中国水周

（1）世界水日

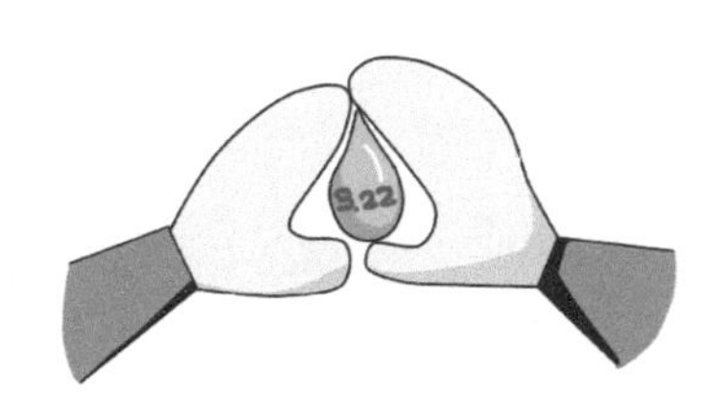

1993 年 1 月 18 日，联合国第 47 届大会通过决议，将每年的 3 月 22 日定为“世界水日”，用以开展广泛的宣传教育，提高公众对开发和保护水资源的认知。每年世界水日，

都有一个特定的主题，到 2019 年已经度过了 27 个世界水日。

历年“世界水日”部分主题：

2013 年，水合作；

2014 年，水与能源；

2015 年，水与可持续发展；

2016 年，水与就业；

2017 年，废水；

2018 年，借自然之力，护绿水青山；

2019 年，不让任何一个人掉队。

世界水日的宗旨：

应对与饮用水供应有关的问题。

增进公众对保护水资源和饮用水供应的重要性的认识。

通过组织世界水日活动加强各国政府、国际组织、非政府机构和私营部门的参与和合作。

（2）中国水周

1988 年《中华人民共和国水法》颁布实施，并确定每年 7 月第一周为“水法宣传周”。后来结合世界水日，把每年的 3 月 22 日所在的一周，定为“中国水周”。每年的中国水周，都有特定的宣传主题，到 2019 年已经举办过 32 届中国水周活动。

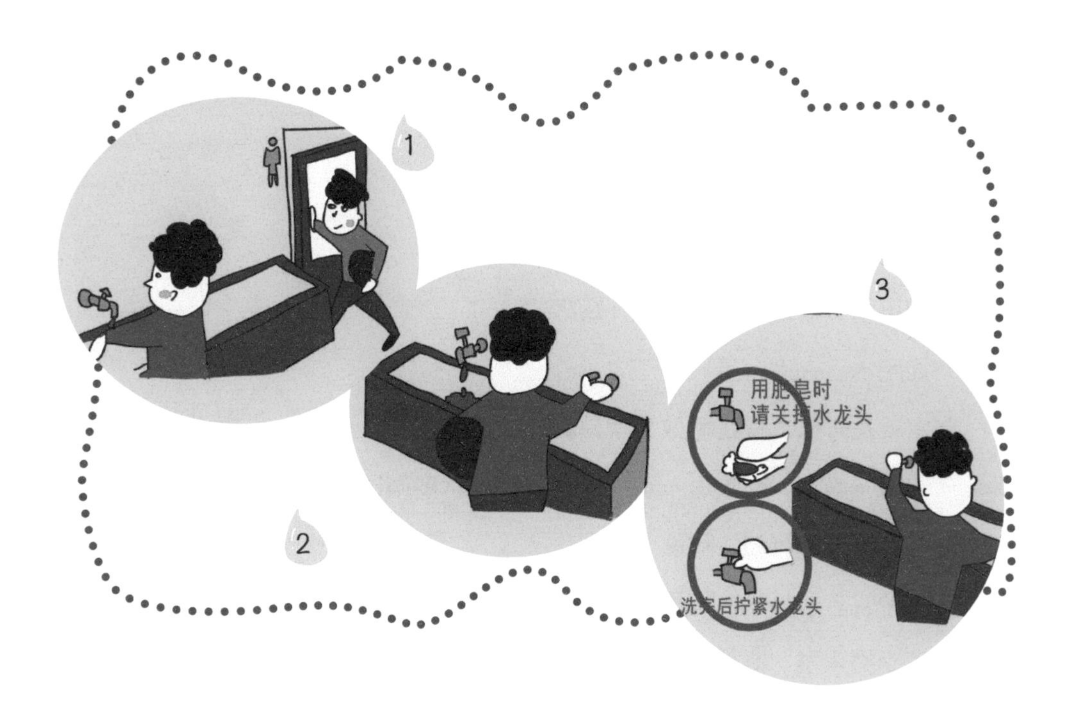

历年“中国水周”部分主题：

2013 年，节约保护水资源，大力建设生态文明；

2014 年，加强河湖管理，建设水生态文明；

2015 年，节约水资源，保障水安全；

2016 年，落实五大发展理念，推进最严格水资源管理；

2017 年，落实绿色发展理念，全面推行河长制；

2018 年，实施国家节水行动，建设节水型社会；

2019 年，坚持节水优先，强化水资源管理。

此外，从 1991 年起，我国还将每年 5 月的第二周作为城市节约用水宣传周。

（3）2019 年“世界水日”“中国水周”宣传口号

节水优先、空间均衡、系统治理、两手发力

水利工程补短板，水利行业强监管

坚持节水优先，强化水资源管理

节约用水利在当代，造福人类功盖千秋

节约用水强监管，保护资源补短板

节约用水，人人有责

节水就是开源、就是增效、就是减排、就是降损

节约每一滴水，回收每一滴水，让每一滴水多循环一次

实施国家节水行动，建设节水型社会

实施国家节水行动，统筹山水林田湖草系统治理

为了幸福家园，请节约身边水资源

强化水资源监管，落实最严格水资源管理制度

以水定需，量水而行，促进水资源可持续利用

加强地下水管理保护，防止地下水超采

开展河湖“清四乱”，打好河湖管理攻坚战

全面推行河长湖长制，维护河湖健康生命

河长制，河长治

幸福生活靠奋斗，美丽河湖靠呵护

做好水文监测分析预报，保障国家水安全

科学调水，依法管水，安全供水

弘扬宪法精神，树立宪法权威

尊法学法守法用法，治水管水兴水护水

贯彻《中华人民共和国水法》，依法治水管水

贯彻《中华人民共和国防洪法》，依法防御水旱灾害

贯彻《中华人民共和国水土保持法》，建设生态文明

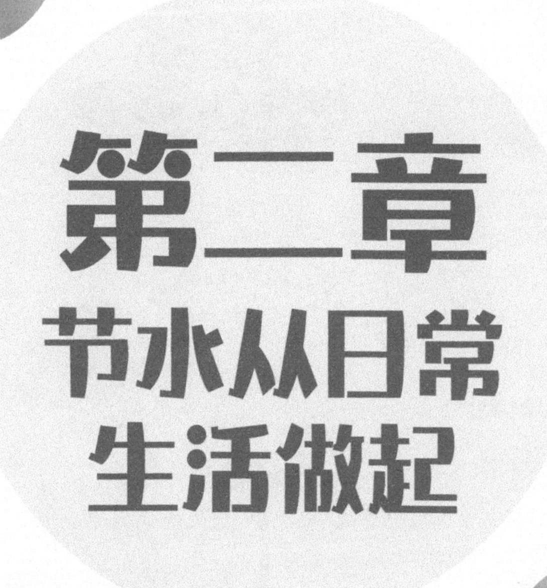

第二章 节水从日常生活做起

1. 节约用水人人有责

节水实际上是控制用水总量和提高用水效率，并不是盲目地限制用水，而是避免不合理用水，通过提高用水效率来实现节水效益。

下面先给大家做个小测验，检测一下大家属于哪种类型。

节水检测：你是哪种类型？

A：我交了水费，用多少水是我自己的事，别人管不着。

B：用淘米水浇花，用洗脚水冲厕所，但是不愿意更换滴漏的水龙头。

C：很担心环境污染，最不能容忍停水，但觉得节水主要是节约公共场所用水。

D：水费多少钱一吨，不知道，反正很便宜。

E：节约用水是每个公民的责任，不会影响生活质量。

分析：A 为自我为中心者，B 为生活节俭者，C 为生活品质追求者，D 为自我封闭者，E 为自我节制者。

节约用水，我们可以从身边的小事做起：哪怕是节约一滴水、一度电、一粒粮这样的小事，长此以往就会养成节约的好习惯。

（1）尽量少玩耗水量大的游戏

很多青少年非常喜欢玩喷水枪，其实这个游戏是非常浪费水的。还有一些顽皮的青少年大打水仗，水花四溅，十分开心，不知不觉间，干净的地面弄湿了，过往的行人被吓得躲躲闪闪，大量的清水也浪费了。家长应教育孩子，从小养成节约用水的好习惯，让孩子们知道自来水是来之不易的，应该珍惜才对。

（2）使用节水器具

城市生活用水主要用于饮用、厨用、洁厕、洗浴、洗衣……然而这些用水基本上都得通过使用给水器具来完成。可见，用水器具对用水效率有重要影响。

（3）查漏塞流

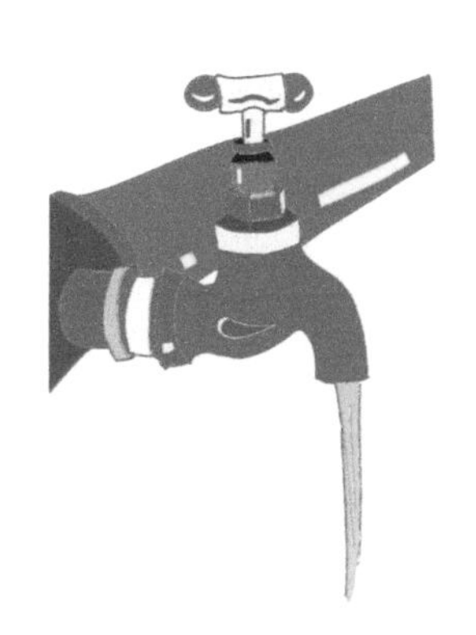

各种媒体对家中滴水成河的报道并不在少数。因此，为了保证家中不出现这样的情况，经常检查家中自来水管是非常必要的。做到防微杜渐，不忽视水龙头和水管接头的漏水，一旦发现漏水，要及时请人或自己动手修理，堵塞流水。只有这样，才能做到节水，保证家中“安全”。

（4）改变不良用水习惯

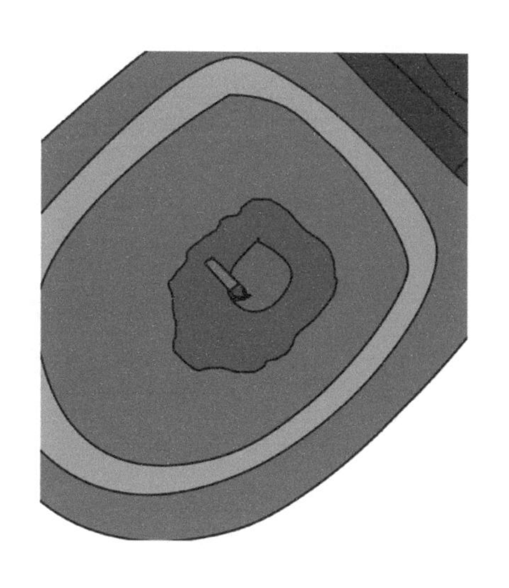

① 用抽水马桶冲掉烟头和碎细废物。

② 为了接一杯热水，而白白放掉许多凉水。

③ 用水时的间断（开门接客人、接电话、改变电视机频道时），未关水龙头。

④ 停水期间，忘记关水龙头。

⑤ 洗手、洗脸、刷牙或洗车时，开着水龙头任清水长流。

⑥ 睡觉之前、出门之前，不检查水龙头。

⑦ 设备漏水，不及时修好。

据统计，家庭只要注意改掉不良的用水习惯，就能节水70%。请你认真检查一下日常生活用水是否都遵循了节水原则，节约水资源，请从改变不良的用水习惯开始。

2. 洗菜节水学问大

在很多家庭中，节约用水的意识是非常淡薄的，如洗菜用过的水，在洗菜结束后就会马上把水倒掉。其实在洗菜的过程中，菜叶上的一些植物表皮纤维就会溶解在水中，洗完菜后，植物表皮纤维基本上已经完全溶解，如果用洗菜水来浇花，不仅会使花快速生长，而且花朵会开得非常漂亮。这样做，不仅提高了水的利用率，而且还做到了节约用水。

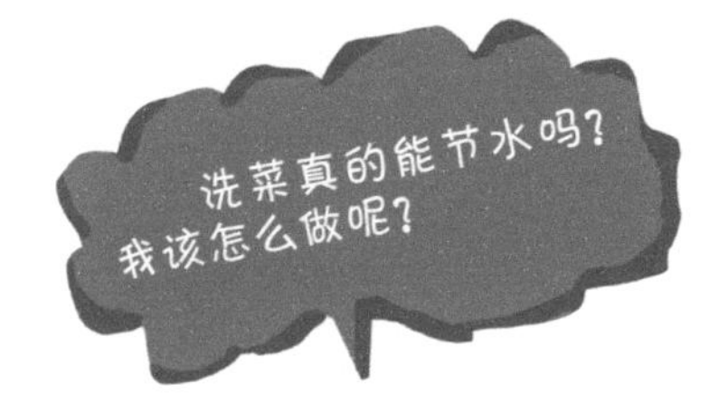

① 先择后洗。可以先把青菜不能吃的根部、败叶、老叶去掉，抖掉菜上的泥土，然后再洗，对有皮的蔬菜如南瓜等先去皮，然后再进行清洗。

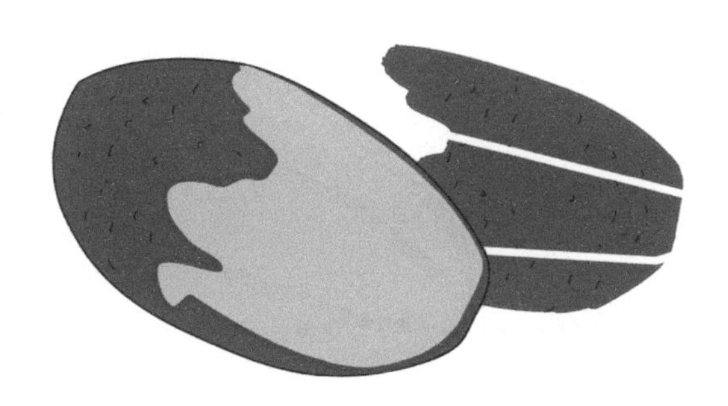

② 适当浸泡，洗菜更干净。洗菜时把菜放在盆里马上用水洗，既浪费水，效果也不好。其实可以适当浸泡蔬菜，一是可以把菜叶上的泥土泡掉，利于清洗，减少清洗次数；二是可以让水充分溶解蔬菜中的残留农药和其他水溶性的有害物质。另外，在浸泡的过程中还可以加入一些“添加剂”来提高洗菜效果。

第一种“添加剂”：盐

功能：盐水洗菜可以杀菌，还可以杀虫。

做法：有些菜叶上的小虫用清水洗不下来，可以放在浓度为 2% 的食盐水中浸泡 3 ~ 5 分钟，菜叶上的小虫就会乖乖浮出水面，轻松被除掉；像大白菜、卷心菜之类的蔬菜，可以先切开，然后放入食盐水中浸泡两分钟，再用清水冲洗，来清除菜心的农药残留。

第二种“添加剂”：碱

功能：在温水中加上少量碱，这样的稀碱液可以起到解味、去皮的作用。

做法：一般的蔬菜只要浸泡五六分钟，再用清水漂洗干净就行。例如，大家爱吃的莲子粥，做的时候就可以用这种办法浸泡干莲子，这样做出来的莲子粥会更香、更软。

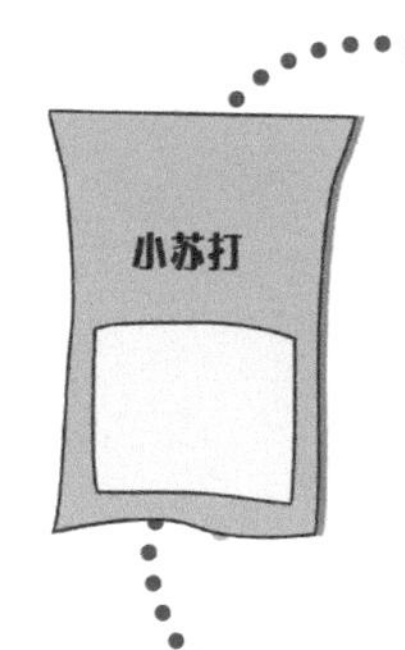

第三种“添加剂”：小苏打

功能：小苏打水洗菜可以杀菌。

做法：用小苏打水洗菜，浸泡的时间要稍长一些，大概需要 15 分钟。

③ 多搓洗，少冲洗。有些人在洗菜时图省事，常把菜放在流水下哗哗冲洗，认为水的冲力可以洗净蔬菜上的泥沙，其实这样做并不能真的洗干净菜，而且非常浪费水。

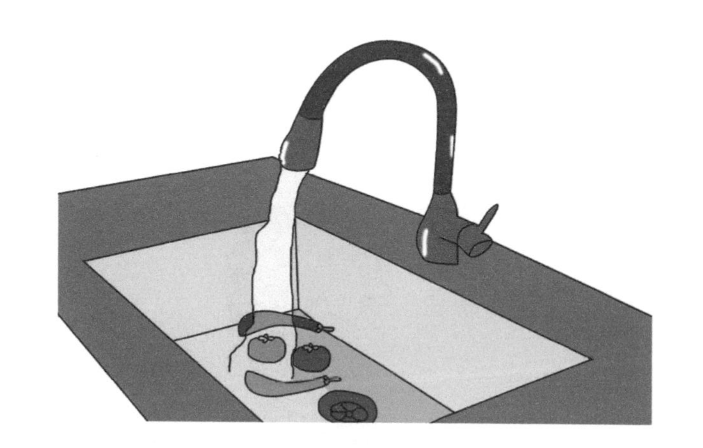

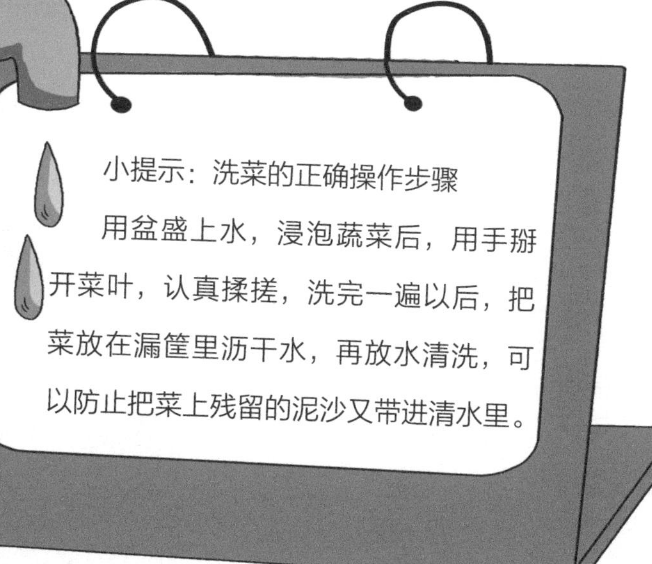

小提示：洗菜的正确操作步骤

用盆盛上水，浸泡蔬菜后，用手掰开菜叶，认真揉搓，洗完一遍以后，把菜放在漏筐里沥干水，再放水清洗，可以防止把菜上残留的泥沙又带进清水里。

④ 洗菜也讲究顺序。一般来说，先清洗叶类、果类蔬菜，然后清洗根茎类蔬菜。

3. 洗洗刷刷怎样节水

有些人洗脸时，习惯开着水龙头，然后用手捧着水洗脸，先把脸弄湿，用洗面奶在脸上轻轻揉，直到出现泡沫，再用水把泡沫洗干净。这个过程中，水一直流着，造成浪费。其实，还有一种洗脸办法，就是用一个盆子接上一定量的水，关了水龙头，捧着盆里的水洗脸，然后再换一盆水，一般用三盆水就可以把脸洗干净了。

再说洗手，在洗手的时候，有的人就让水龙头一直开着，然后往手上打香皂或洗手液，一直到把手上的泡沫冲干净才关掉水。

最后是刷牙，有些人根本不用刷牙缸，先开水龙头，再挤上牙膏，开始刷牙，刷完牙，漱口，把牙刷冲干净，这才关上水龙头。

以上这些行为，其实都是不好的洗漱习惯，大家完全可以采用节水的方式来洗脸、洗手和刷牙，洗脸的时候找个脸盆，洗手打香皂的时候关掉水龙头，刷牙的时候找个牙缸，这些是不是很容易做到呢？

小提示：

提倡大家安装使用节水龙头，特别是宾馆、饭店等公共场所更应该使用感应节水龙头，当手离开时，水阀就会自动关闭。

4. 怎样洗澡才能节水

洗澡是日常生活中最平常不过的一件事，有的人一天可能不止洗一次澡，特别是炎热的夏天，一身大汗的时候冲个澡，非常舒服。不知道大家想过没有，如果我们重视洗澡的过程，也能做到节水。

下面总结几个洗澡时的注意事项，帮助大家在不影响洗澡效果的前提下，合理用水洗个舒服澡。

（1）洗澡最好用淋浴

相比较而言，淋浴比盆浴更省水，淋浴 5 分钟用水仅是盆浴的 1/4，既方便又卫生节水。

（2）盆浴节水有窍门

对于喜欢盆浴的朋友，放水时要注意不要将水放满，或者可以选用节水浴缸，因为它不仅容积小还可以使用循环水。节水型浴缸主要依靠科学的设计来节约用水，它们往往设计得比普通浴缸要短，符合人体坐姿功能线，因此，在放同样水量的时候，就显得比传统浴缸要深，避免了空放水的现象，节水功能特别明显。

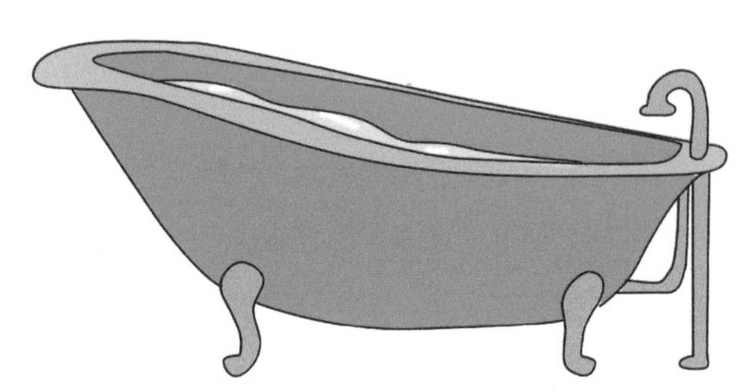

（3）间断放水淋浴

淋浴时，不要让水自始至终地开着，擦沐浴液、洗发液或者搓洗时，可以把水关掉。洗澡时要尽量快，不要太拖拉，因为在这个过程中会有很多水白白流掉。还有，家中多人需要淋浴，可以几个人接连洗澡，能节省热水流出前的冷水流失量。这样做不但省水，而且省电或煤气。

（4）软管越短水越省

如果淋浴喷头与加热器的连接软管非常长，那么打开后流出的冷水也会非常多，这些冷水往往是白白放掉的，非常浪费，所以软管应尽量短。如受条件限制必须加长，可在打开喷头前在下面放一个干净的容器，专门接这些清水，可以用来洗脸、洗手，或冲马桶。

（5）洗澡时别洗衣服

在洗澡的时候，最好不要洗衣服、鞋子和其他杂物。因为用洗澡时流动的水洗这些东西，非常浪费。很多人在家的时候不会做这样的事，但是在公共浴池洗澡的时候，会拿着衣服洗，就像很多人在家注意节约，在外就变了样子，希望这样的浪费行为以后能够越来越少。

（6）洗澡不必太频繁

过于频繁洗澡不仅浪费水，对皮肤的健康也没有什么好处，尤其是在干燥的秋冬季节。因为沐浴液会洗去皮肤上的油脂和皮屑，还会使身体上保护皮肤的皮脂被洗掉，这样皮肤就会感到干燥紧绷。如果洗澡过于频繁，这种感觉也会更加明显，因此，秋冬季节每星期洗澡 1 ~ 2 次是最合适的。

5. 冲厕节水好习惯

（1）改造旧马桶

家中早些年安装的老型号的抽水马桶，其容积在 9 ~ 12 升，有的达 15 升，而冲厕时用 6 升水就能冲洗干净，这是马桶设计造成的浪费。如果全部换掉也会支出一笔钱，怎么做才能既省钱又节水呢？做法是在水箱中放几只装满水的饮料瓶子（1 升 / 瓶）或砖块。这样，可将水箱的有效容积减小。根据水箱的大小，多的可放 3 ~ 4 个，少的也可放 2 个；此方法简单易学，用材简单，效益明显。

（2）改造老式水箱

改造老式水箱的节水原理是：在分离式水箱和坐便器的水箱里用一根金属丝制成“弹性装置”，先把金属丝紧紧地缠在水箱的溢水管上，然后再把金属丝的两端搭在水箱的皮阀上。冲水时，按下水箱的扳手，拉起皮阀，皮阀把金属丝抬起，松开扳手后，金属丝的弹力就把皮阀弹回到关闭状态。这样可通过扳手随时控制用水量。使用节水装置后，每次冲小便的用水量可以控制在水箱总量的 1/3 左右，约 4 升水。大便的冲水量控制在原水箱的 1/2，约 6 升水。按全家每日用厕所 15 次计算，原来 12 升的老式水箱，每日需要约 180 升水；用了改进的节水装置，一天仅用水约 70 升，节水量为 110 升左右，这样一个月可节约用水 3300 升左右。

（3）日常生活废水冲厕

除了水箱里的水，日常生活中我们可以使用洗菜水、洗澡水、洗脚水等来冲洗厕所。做法是：在淋浴洗澡的时候，脚下放个大盆，将洗澡水接蓄起来，然后存放在一个大水桶内。再用这些洗澡废水冲洗厕所。另外，洗菜后或洗脚后的废水也一样，收集起来用于拖地、冲洗厕所等。这样不仅能节省更多的水，还能省下不少水费呢！

小提示：你不知道的海水冲厕

香港从 20 世纪 60 年代起，就建设起一套独立的海水供应系统。目前，香港岛的海水供应覆盖率达到 90%。九龙半岛也在 20 世纪 60 年代开始大规模的市区开发建设，海水供应系统与其他基础设施同时建设，发展较快，现海水覆盖率已经达到 99% 以上。到目前为止，覆盖范围已达香港人口的 99%，600 多万市民基本可享受这项免费服务，每天用来冲厕的海水量达 67 万多立方米，年耗海水量 2 亿多立方米，约占全港用水的 20%，即每年为香港节省 20% 的饮用水。

6. 这样洗衣服最节水

日常生活中，我们每天都会换下很多脏衣服，怎么洗衣服才能更节水呢？

（1）选用节能洗衣机

节能洗衣机比普通洗衣机大约节电 50%、节水 60%。

（2）提前浸泡

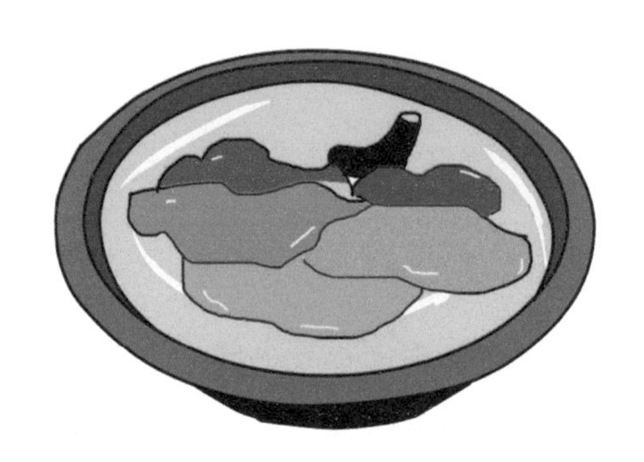

衣服上如果有难以洗掉的污渍，可以事先用水浸泡或加入洗涤剂浸泡。这样做可以让水充分浸透衣物。当水深入织物纤维之后，就会溶解一些水溶性的污物，这样有利于减少洗涤剂的用量，提高洗净效率。由于污物的溶解需要过程，所以提前浸泡可以减少这个过程所使用的时间，但并不是浸泡时间越长越好。如果时间过长，溶解的污物可能会再度污染衣物，再想洗干净就非常困难。

此外，我们所洗的衣物材质不同，除了天然纤维如丝、毛、棉、亚麻等外，化学纤维或合成纤维的使用也非常普遍。不仅天然纤维会变性、缩水，有的化学纤维也会发生这种变化，其中比较明显的例子就是醋酸纤维、聚丙烯纤维。在含有弱碱性洗涤剂的水中，这种变化更容易发生。所以在洗衣服时，通常提前浸泡 20 ~ 30 分钟就可以了。

（3）设置合理的清洗程序

洗衣机洗少量衣服时，水位如定得太高，衣服在水里转来转去，反而洗不干净，还费水。目前，在洗衣机的程序控制上，开发出了更多的水位段，洗涤功能可设定一清、二清或三清，我们完全可根据不同的需要选择不同的洗涤水位和清洗次数，从而达到节水的目的。

（4）洗涤剂适量

洗衣粉或洗衣液的投放量要掌握好，放得过多，不仅会增加漂洗次数，浪费水资源，还容易残留，使衣服留有余味。

（5）增加漂洗次数

洗过衣服的人都知道，漂洗的时候并不是水越多越好，同样多的水，分多次漂洗更能清洁衣服，所以说，要漂洗干净，那就尽可能用少量的水，多次漂洗，既节约了用水，也漂洗干净了衣服。

（6）将漂洗的水留作他用

最后一次漂洗剩下的水并不会很脏，所以可以用在其他方面，例如冲厕所、洗衣服、拖地等，这样还可以达到一水多用的目的。

小提示：谨慎使用清洁剂

清洁剂等各种各样的化学洗涤剂用品已经成为大多数家庭的生活必需品，但它正是水污染的元凶之一。大多数洗涤剂都是化学产品，洗涤剂含在生活废水中大量排放到江河里，会污染水体，使水质恶化，无法饮用。我们虽然无法拒绝洗涤剂本身，却可以选择有利于环保的洗涤用品和生活习惯。

① 在清洗餐具时尽量少用洗涤剂，因为大部分洗涤剂是化学产品，排入水源后会污染水体。其实，泡沫的多少和清洁能力是没有关系的，所以不必放大量的洗涤剂直到出泡沫为止。

② 肥皂的原料来自植物或动物脂肪，易于生物降解，对水的污染较少，用肥皂洗衣服，不仅会减少水污染，而且有益于健康。

③ 不用含磷洗涤剂，大量含磷污水排入江河会使水体富营养化。无磷洗涤剂并不贵多少，却会缓解水体的富营养化，所以，建议大家选择无磷洗涤剂洗衣物和瓜果、蔬菜等。

水体富营养化时，由于浮游生物大量繁殖，会使水体呈蓝色、红色、棕色、乳白色等。这种现象在江河湖泊中称为水华，在海中则叫作赤潮。

7. 洗碗用水也要精打细算

（1）先去油污

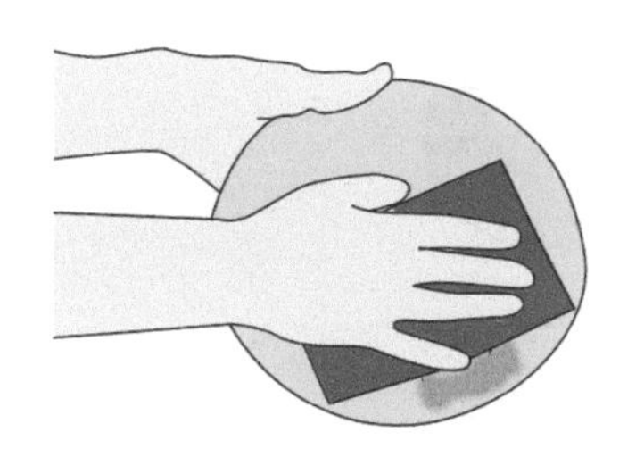

每次吃完饭，盘盘碗碗里总会留有剩菜或者油污，直接拿去洗不仅油腻烦人，而且还会多用不少水。这时你不妨用餐巾纸把油污尽量

清理干净，然后再用清水洗，只要一遍就能把碗洗干净，而且洗碗的过程也不再是油腻腻的了。

（2）找个盆子

洗碗最好用盆洗，不要直接用水龙头洗。同样是洗一个碗，用水龙头冲洗，用水量大约是 114 升；在盆中清洗，用水量大约是 19 升，预计可节省水量 95 升。长期下来可以节省不少水。

（3）用什么来洗碗

① 淘米水洗碗筷：淘米水直接倒在洗碗盘里面浸泡去油，再用洗碗布擦洗碗盘，过水冲干净即可。

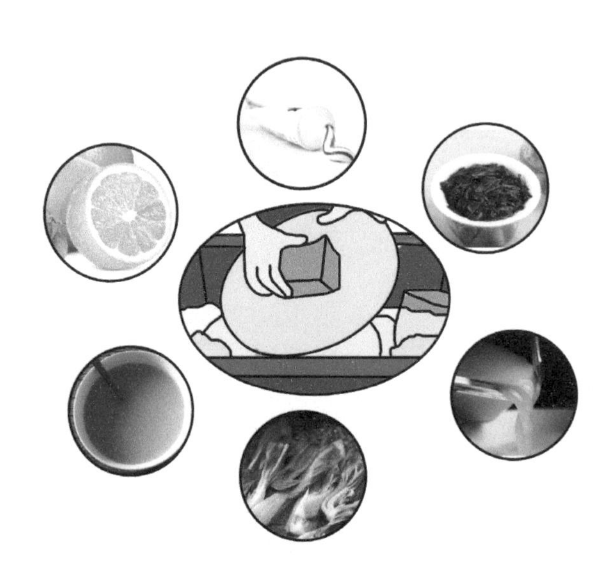

② 陈玉米面洗碗：用陈玉米面来洗碗，不仅吸油、不伤手、容易冲干净，而且无毒环保，资源再利用。

③ 焯青菜水刷碗：在烹调过程中，烫完青菜沸腾的水也可以用来清洗油腻的碗筷，不仅能减少洗涤剂的用量，而且去除油腻的效果也很好。

④ 清洗塑料质地餐具的时候，可以用漂白剂加水来清洗；瓷器的餐具可用牙膏来清洗；玻璃质地的餐具可以用喝剩的茶叶渣来清洗。

⑤ 在洗碗水中加点柠檬片，可以给碗碟带来自然清香，还可以擦除碗碟上的油渍。如果碗碟没有特别油腻，可以用这个方法试试，用水量减半！

（4）碗筷锅盘集中洗

有的人习惯炒完菜就洗锅，做菜时用到的盆碗也一起洗了，吃完饭再洗一次碗筷。其实这样做不仅费时不省力，还特别浪费水。建议把所有的锅盘碗筷都集中起来，泡在盆里一起洗。这样就不必一顿饭洗两三次餐具，也减少了冲洗过程的用水。

（5）废纸代替垃圾盘

平时大家可以收集一些用过的干净稿纸、广告纸等废纸，吃饭时可以将其当作垃圾盘，每个人撕一张垫着，这样做的话就不用清洗垃圾盘了。

（6）收拾碗盘不叠放

有些人喜欢吃过饭将所有油腻的、不油腻的碗盘堆叠在一起，结果导致不油腻的碗盘也被粘得油乎乎的，最好吃过就刷，这样油腻更容易洗掉。放久了，无论是油腻的，还是不油腻的，都会非常不好洗，费水、费洗涤剂，还费时。

小提示：洗碗注意事项

① 洗碗布的四要点

洗碗布要做到及时拧干并尽量展开，定期消毒，每个月换一次，专布专用。

② 洗完后不用擦干要沥水

用流动的清水将餐具内外的残留洗涤剂冲干净，然后放入洗碗槽中的沥水池，将其沥干后再放入橱柜。

③ 木质餐具抹点油

木质餐具不要在水中久泡，要用海绵或软纱布擦拭，洗完后沥干水分，可以涂抹一点食用油，不仅去除异味，还能保护餐具。

8. 家庭扫除怎样节水

要想保持家庭的干净卫生，每隔一段时间的家庭大扫除是必不可少的。然而每次的家庭大扫除耗费的不仅仅是劳动量，还有用水量，在家庭大扫除时可以采用下面的方法来减少用水量。

（1）清洁时的步骤有讲究

在打扫卫生的时候可以遵循这个次序：卧室、书房、客厅、厨房、卫生间。书房和卧室可以互换，但卫生间一定要排在最后。这样做是很有讲究的，因为最后清理用完的抹布等清洁用品势必要拿到卫生间清洗，如果卫生间提前清理

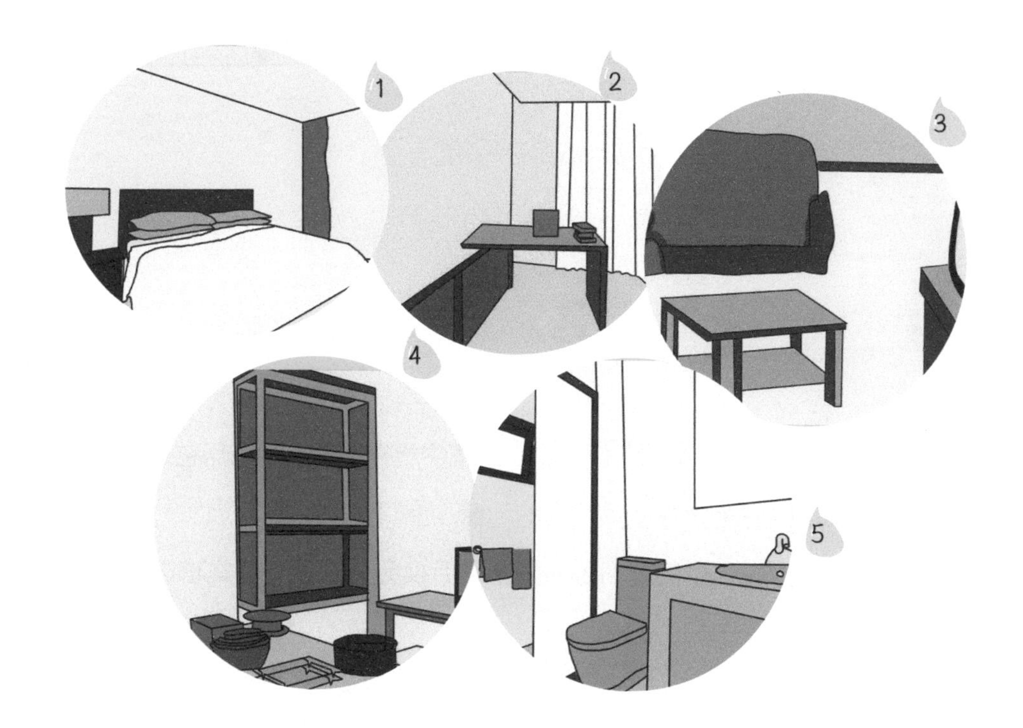

好了，那打扫卫生的人进进出出肯定又把卫生间搞乱了。在一个房间内大扫除时按从上到下的顺序，先从吊顶、顶灯开始，再到家具、电视机等，最后才是地板，这个次序既可以避免重复劳动，又可以避免重复用水，从而节约用水。

（2）拖地有方法

尽量放弃传统的拖把，它特别吸水不容易拧干，在地上留下水痕也不干净；现在市场上出售的节水型拖把既省力又方便，或者用旧毛巾做成套子套在平板拖把头上，擦脏了取下来放在水桶里洗干净，再套上继续擦，这样比起老式拖把可以大量节水。家里最好准备一个大水桶，平时可以把洗衣机甩干衣服的清水接住，积累起来擦地用，而擦完地后还可以用这些脏水冲厕所。

（3）残茶水擦洗门窗家具

喝完茶后的残茶水不要急于倒掉，可以集中起来在大扫除时用它来擦洗门窗和家具。残茶水的去污力强，擦洗后的门窗、家具更加光亮，焕然一新。擦东西的时候，一块抹布折成四折，一面擦脏以后换另外一面，这样可以减少清洗抹布的次数，也可以节约水资源。

9. 浇花也能节约用水

（1）浇水分量要把握

很多住楼上的居民给自家阳台上的花浇完水后，楼下过道的地面都会湿一大片。这样不仅浪费水，也给楼下行人造成不便，所以浇花节水法的第一招就是要摸清花草的习性，适量浇水。家庭浇花并不是水浇得越多越好，有的花耐旱，就少浇一些。对于不是特别喜湿的花，可以将湿润的纱布一端裹在花盆表面的土上，另一头放在水杯里，还可以在塑料瓶底部扎个小孔装满水放花盆上让它渗水，一小瓶就足够一盆花用一周。干燥地方可以在花盆底下放一个装有水的盘子，给花一个湿润的环境，这样平时每天给花喷水即可。

（2）浇花也要选时间

浇花时间尽量安排在早晨和晚上，因为这个时候温度较低，水分蒸发速度减慢，可以让花的根部充分吸收水分。

（3）用剩茶水浇花

用剩茶水浇花。茶水所含的物质花草也都同样需要，所以用来浇花一举两得，但不要把茶叶和茶水一起倒在花草盆里，因为湿茶叶风吹日晒后会发霉，产生的霉菌会对花草造

成伤害；而且茶水不能用来浇仙人球之类的碱性花卉，只适合浇酸性花卉，如茉莉、米兰等。

（4）用养鱼水浇花

鱼缸每天都要换水，而很多花草也需要每天浇水，这样每天都要用掉很多水，鱼缸换下来的水含有剩余饲料，用它浇花，可以增加土壤养分，促进花卉生长。

（5）煮蛋水浇花

煮蛋的水含有丰富的矿物质，冷却后用来浇花，花木长势旺盛，花色更艳丽，而且花期延长。

（6）用雨水来浇花

因为雨水中含有丰富的氮、磷、钾等营养元素，雨水的温度与植物生长的环境温度相近，浇到花盆里，不会使根系产生不适的情况；一般雨水都呈弱酸性，浇到花盆里，不仅可以调节 pH 值，而且不容易出现土壤板结的情况。

第三章

选对器具 也能节水

1. 怎样选购太阳能热水器

（1）看品牌和售后服务

由于太阳能热水器的主机在户外，所以经常饱受风吹雨打是必然的，因此专业人员的维护和维修是必不可少的。在安装太阳能热水器的时候一定要选择专业生产厂家的产品，最好是优质品牌，只有这样才能保证好的售后服务。

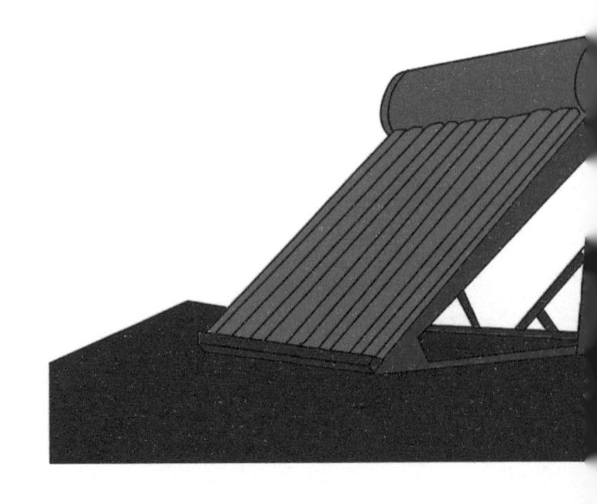

（2）看集热管的质量

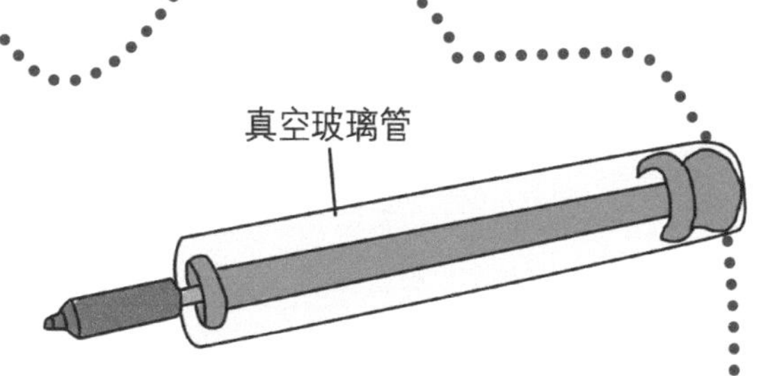

集热管分走水的全玻璃真空管和不走水的热管真空管。真空管的好坏看镀膜层的颜色是否一致、是否掉色；再看真空管下面的镜面，镜面不发光，即真空管没有漏气；还要看产品是否有商标、检字，商标和检字是否一致。

集热管的指标有空晒温度、启动温度、抗冻性等，需要使用仪器才能检测，简单的检测办法是将热管放在日光中，看冷凝端（热管上部的铜头）热不热。

（3）看热水器的内胆

目前，市场上流行的太阳能热水器水箱内胆分不锈钢内胆和搪瓷内胆两种。

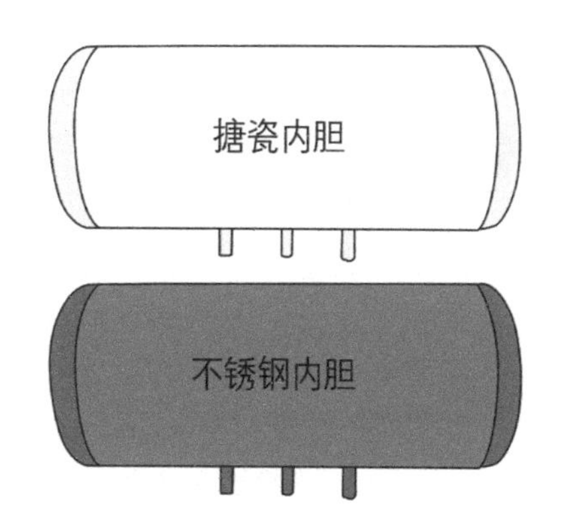

① 不锈钢内胆按工艺分咬口和焊接内胆。焊接的厚不锈钢（70.5mm）焊口经焊接加工后已经发生内部结构的变化，极易腐蚀，寿命也难有保证，一般寿命在 5 年左右。焊接的薄不锈钢寿命更短，而且极易抽瘪。

② 搪瓷内胆又分为普通搪瓷、高级搪瓷、钛金蓝宝搪瓷内胆，普通的搪瓷内胆采用的是普通搪瓷，即日用搪瓷器具的搪瓷，寿命在 2 年左右。高级搪瓷内胆由化工搪瓷演变而来，比普通搪瓷要好得多，一般寿命在 5 年左右。钛金蓝宝搪瓷内胆采用进口搪瓷，寿命在 15 年以上。

（4）看热水器结构

这里说的热水器结构是指集热管与水箱间的连接。目前市场上有两种，一种是硅胶圈密封，另一种是铜套结构的金属密封。硅胶圈密封的太阳能热水器有以下缺点：①水箱不能承压；②维护不方便；③抗恶化性能低，高温易老化，容易漏水。一旦出现上述问题，整个太阳能热水器就会瘫痪不能使用。铜套结构的金属密封太阳能热水器就不会出现以上种种问题，因为它使用的是双壁热管真空管，整机能承受压力，耐高温，金属铜套不易老化，使用维护都很方便，即使集热管损坏也可照常使用。

（5）看热性能指标

首先，并不是水箱里的水温越高就说明热性能越好，而是需要看平均日效率。平均日效率越高越好，平均热损系数越低越好。其次，看热水器的耐压试验是否合格，耐压试验达不到标准的容易导致热水器渗漏，既浪费热水又无法使用。

（6）看支架设计

支架需要有足够的强度和刚度。由于品牌不同，所以支架的形式多种多样，房屋楼顶分为平顶和脊型顶，支架对应分为平顶式和屋脊式。支架主要用来承载储水箱并固定集热器，因此支架的支撑能力越强越好。

（7）看反光板设计

选购时应注意产品的反光板设计是否能充分利用到真空管的吸热面，真空管能否最大程度上受光。

小提示：选购热水器的“三不要”

第一，不要购买价格过于低廉的产品，可能存在质量问题或者安全隐患。

第二，不要被各种商家宣传炒作误导，选用真正适合自己的。

第三，不要忽视售后服务。

2. 选用节能的洗衣机

目前市场上销售的洗衣机主要有 4 种：波轮式、滚筒式、搅拌式和 XQS 双动力洗衣机。它们原理不同，其耗水量、耗电量、磨损率各有优劣，消费者可根据自身情况选择。消费者该如何选购节能洗衣机呢？我们一起来看看节能洗衣机的选购技巧。

（1）洗净度和磨损率

波轮式、滚筒式和搅拌式洗衣机洗净度差不多，其中搅拌式的洗净均匀性好，滚筒式的磨损率小。

（2）耗电量和耗水量

首先，滚筒式洗衣机的耗电量最大，洗涤时间较长，价格较高，但耗水量却是最小的；搅拌式与波轮式洗衣机的耗电量相近，但两者的耗水量却远远大于滚筒式洗衣机。其次，脱水转速高的洗衣机比较节水。对于全自动洗衣机而言，重要的是如何将洗涤物中的洗涤剂尽可能多地与其分离，减少清洗用水。

（3）常洗涤衣物的质料

如果家中常洗涤的以毛料、丝绸衣物较多，建议选购滚筒式洗衣机；如果以洗涤棉布衣服为主，则建议选择搅拌式和滚筒式洗衣机。

从节电节水的角度来看，波轮洗衣机和滚筒洗衣机各有千秋。滚筒洗衣机会耗电一些，但比波轮洗衣机节水。滚筒洗衣机洗涤功率一般在 200 瓦左右，如果水温加到 60℃，一般洗一次衣服都要 100 分钟以上，耗电量在 1.5 度左右。相比之下，波轮洗衣机的功率一般在400瓦左右，洗一次衣服最多只需要40分钟，耗电量不到 0.5 度。在用水量方面，滚筒洗衣机为波轮洗衣机的 40% ~ 50%。

关于怎么洗衣服更省水的问题，我们在前面已经讲过了，下面补充几条使用洗衣机节水、节电的方法。

① 应根据衣物的数量和脏污的程度来确定洗衣的时间。

② 洗衣机使用一段时间后，带动洗衣机的皮带往往会打滑。皮带打滑时，

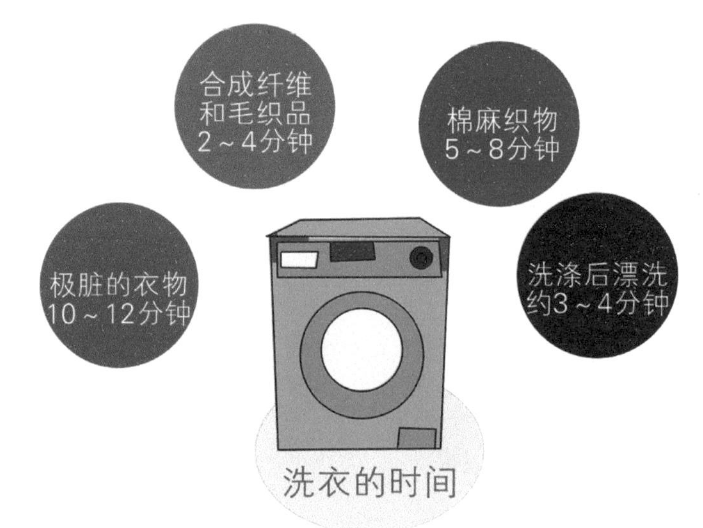

洗衣机的用电量不会减少，但是洗衣的效果却变差。如果收紧洗衣机的皮带，就会恢复它原来的效果，从而达到节电的目的。

③ 采用低泡洗衣粉可以省电，洗衣粉的出泡多少与洗净能力之间无必然联系。优质低泡洗衣粉有极高的去污能力，而它漂洗却十分容易，一般比高泡洗衣粉少 1 ～ 2 次漂洗时间。

④ 分色洗涤，先浅后深。不同颜色的衣服分开洗，不仅洗得干净，而且也洗得快，比混在一起洗可缩短 1/3 的时间。

⑤ 水位不要定的太高，洗少量衣物时，洗衣机水位定太高，既洗不干净又费水。

⑥ 用水量适中，水量太多，会增加波盘的水压，加重电机的负担，增加电耗；水量太少，又会影响洗涤时衣服的上下翻动，增加洗涤时间，使得耗电量增加。

⑦ 如洗衣机使用时间为 3 年以上，发现洗涤无力，应更换或调整洗涤电机皮带，需加油的地方应加入润滑油，使其运转良好，达到节电效果。

⑧ 甩干衣物时，一般勿超过 3 分钟，尼龙物品 1 分钟足够。

⑨ 洗衣机应该尽量放在平坦干燥的地方，这样更能发挥其洗涤效率，减少用电量。

3. 节水龙头挑选法则

节水龙头主要由上水管、弹簧、长活塞、液压装置、短活塞、“U”形管、三通、下水管、安全阀、脚踏板、三叉凹槽构成。其特征是：短活塞的下端压连接在液压装置的上端，液压装置的左端压连接在长活塞的右端，三通的左端套安装在安全阀的整体，安全阀的下部固定安装在脚踏板的上端。

下面介绍几条挑选节水水龙头的经验。

（1）水流速度和方式

在挑选节水龙头的时候可以咨询一下出水水流速度，出水水流速度保持在 6 升 / 分钟上下，就可以保证实现节水目的。此外，节水龙头多是在节水器具上加入特制的起泡器，水不会飞溅，节水的同时，带气泡的有氧水流冲刷力和舒适度都比较好。购买时可以先试水检测，看水流是否呈现出气泡。还要考虑它与卫浴洁具的搭配，看型号是否适合。

（2）阀芯质量

挑选节水龙头，不能光看外表设计是否好看，还要特别注意看阀芯的质量。市场上常见的水龙头阀芯有不锈钢球阀、铜球阀、陶瓷片阀芯和轴滚式阀芯等多种。最好选用球阀制成的水龙头，特别是不锈钢球阀、铜球阀，它可以控制水温，确保热水迅速且准确地流出，既省水又节能。

（3）是否耐用

节水龙头是否耐用与表面处理的工艺有着非常密切的关系，好的节水龙头可以经受酸性高温测试。另外，由于内部构造合理，节水龙头不易发生滴漏和损坏，经受几十万次开关后仍可操纵自如。

（4）是否易清洁

由于厨房的油烟非常大，所以如果经常清洗水龙头，必然会导致其表面容易失去光泽，并可能出现镀层变色、脱落的现象，因此，在购买节水龙头的时候一定要了解其质保期，一般应不低于3年。

小提示：水龙头的清洁与保养

① 开水的时候不要用力过猛。

② 一旦出现漏水的情况，马上对节水式水龙头进行修补。

③ 加装恒压恒流高效自动节水器，可以有效减少水流，特别是水中沙、石对陶瓷密封面的冲刷，延长水龙头的使用寿命。

④ 对于水龙头上面出现的污迹，应该尽快用清洁剂清理，防止水管和水龙头被腐蚀。

4. 节水淋浴器的原理

节水淋浴器的原理如下。

① 使用淋浴器时，水流会进入花洒装置中的喷头基座，这时，花洒中的三翼加速器就会使流进的水流形成一种旋转效果，以此来增加水流的速度和水流冲力。最后，水流会直接进入一个限制水渠，在限制水渠处的空气和水的混合可以增加到 10 倍的含氧量，这样就可以实现节水功能。

② 打开花洒后，冷水及热水同时进入混水阀，此时，花洒会经过增压，这样就能够保证冷热水混合的温度和出水量及水流达到一个平衡稳定点，以保证在淋浴的过程中，不会出现忽冷忽热的状况。

节水淋浴器具有以下优点：

① 节水淋浴器不仅能够节省水资源，还能节省水电费用，减少家庭开支。

② 淋浴中大水流直接冲击会伤害五官，还会因为水流温度没有达到一定面积散热而造成身体不适，节水淋浴器弥补了这个不足，能分散水流，让身体大面积分散水流温度，这样就不会让人觉得温度太高，给人造成不适。

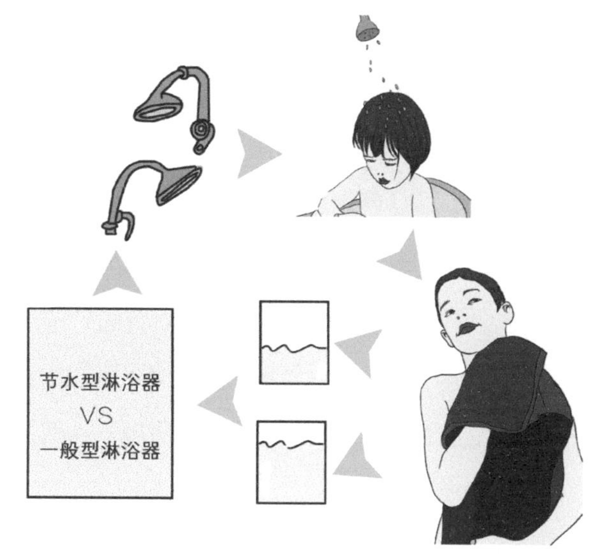

5. 节水浴缸如何选购

节水浴缸多采用上宽下窄、前窄后宽的不规则形状，有的节水浴缸底面呈后部深、前部浅的曲线状。节水浴缸长度一般为 1200 ~ 1700 毫米，深度在 500 ~ 700 毫米，比普通浴缸深。从外观上看，节水浴缸和普通浴缸差别不大，但节水浴缸比普通浴缸要节约 20% ~ 30% 的用水量。

目前，有很多浴缸采用过滤杀菌、循环使用的模式来达到节水的目的，家庭成员的洗浴无需频繁地更换净水，通过浴缸连带的储水装置和过滤装置对用后的水过滤、杀菌、净化和循环利用，从而达到有效节水的目的。

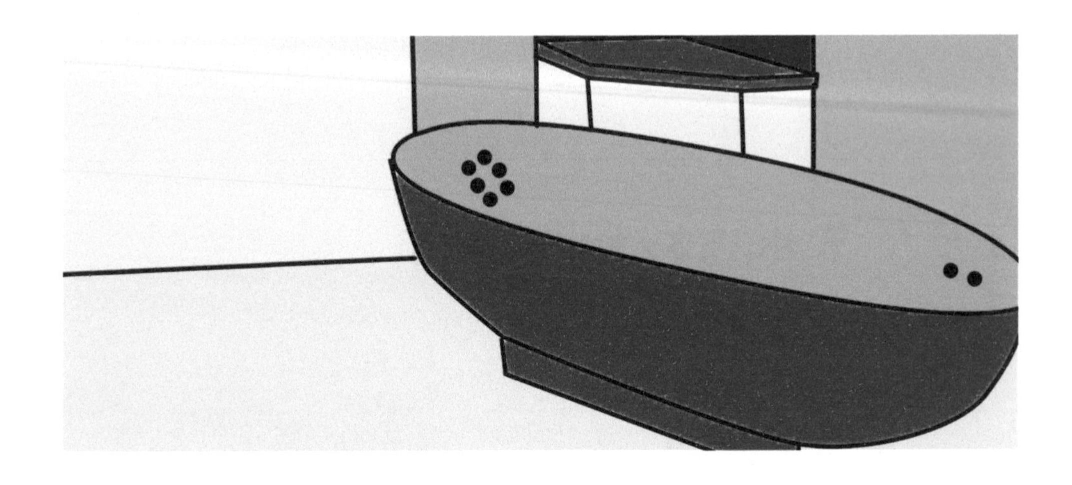

选购节水浴缸的要点如下。

（1）注意浴缸的材质

市场上销售的浴缸使用的材质有钢板搪瓷、铸铁、亚克力等，钢板搪瓷浴缸表面光滑但保温性不好；铸铁浴缸坚固耐用但比较笨重，市场上已不多见；而亚克力浴缸因为质轻耐用，且保温节能，正成为市场的主流。在选择时要判断其材质是否采用的是节能亚克力板材，用手按一按或用脚踩一踩就能感觉到厚薄和坚固程度。

（2）看浴缸的制作工艺

浴缸内部的支撑部件可以看出工艺的精细程度，有的浴缸外观顺滑但内部粗糙。做工好的浴缸内部支撑部件连接细致，而且也看不到焊接的痕迹。

6. 如何选用节水洗碗机

洗碗机在发达国家普及率很高，但它进入中国几十年，却一直没有被广泛接受，销量远不及电视、冰箱、洗衣机等家电。即便在中国一线城市家庭，普及率也极低。

这里面有洗碗机自身特点的原因。举个例子，同样是用来偷懒的机器，洗碗机远远不如洗衣机普及。单次洗碗的时间，比单次洗衣服的时间短得多，因此，洗碗机节省的时间和气力，远远不如洗衣机节省得多。考虑到这一点，人们肯定先买洗衣机而不是洗碗机。

此外，还有一些误区阻碍了洗碗机的普及。

洗碗机洗不干净

洗碗机浪费水电

洗碗机很贵

在日常生活中，到底该如何选择洗碗机呢?

（1）选容积

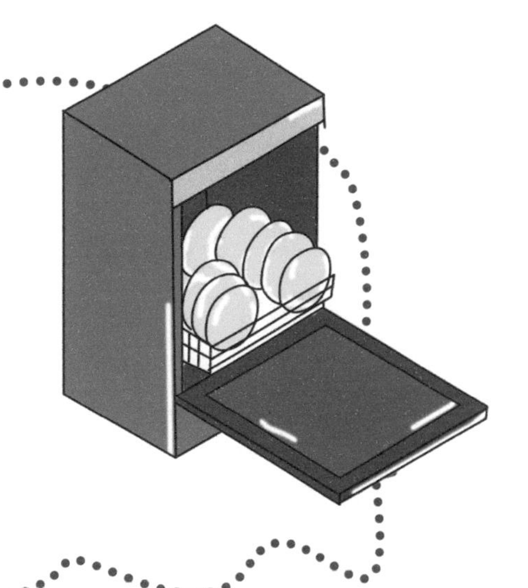

洗碗机的设置是按照西餐的习惯来的，一般是 8 套、10 套、12 套餐具的容量，一般整套西餐具可多达 11 个盘子。用户可以根据家里人口和请客次数的多少来决定。一般情况下，若 3 人左右的家庭，选择 8 套餐具容量的洗碗机就可以满足日常使用了。

（2）选安装方式

台上式洗碗机的特点是占地不大、容易摆放，适用于 2 ~ 3 人的小家庭；独立式洗碗机的特点是容量较大、洗涤的数量多，最关键是摆放不受橱柜的限制，适合人数多的大家庭；嵌入式洗碗机的特点是洗涤量大，嵌入橱柜可以节省更多的储存空间，适合家庭人数较多，或者经常有聚餐的家庭。

（3）既要洗得净，最好还是多面手

购买家用洗碗机，最直接的目的就是把碗碟洗干净，这个就要透过工作原理看本质了。目前比较主流的是喷淋式洗碗机，有不少品牌在其基础上，进行了技术创新，不仅洗涤效果更干净，而且还具备更多功能。

（4）选功能

一般可以选择喷嘴式或叶轮式的机型。功能上只要具备洗、漱、干燥及自动程序控制的功能就基本满足日常需求。具备快速洗涤、冲、漱及旋转喷刷等功能的洗碗机，洗得更加干净，而且安全可靠、能自动循环，但价格要相对贵一些。具备微电脑控制、传感器检测等新功能的洗碗机价格就更贵了。

（5）选规格

一般洗碗机的规格是根据洗碗机平时的耗电率来定的，也有以机内存放碗碟的有效容积来表示。没有设干燥装置的洗碗机，其耗电功率只不过几十瓦；而带干燥功能的洗碗机，其功率有 600 ~ 1200 瓦不等。至于选择多大规格的洗碗机，一般来讲，三四口之家，可选购 700 ~ 900 瓦的洗碗机。

（6）看品牌

品牌很重要，好的品牌拥有可靠的售后服务保证，一旦需要维修只需打个电话即可，甚至可以换货或者退货。至于洗碗机哪个牌子好，大家可以从家电行业比较出众的品牌中选择，有的品牌在家电业享有很好的口碑，已经做到了家喻户晓。

7. 如何选用节水马桶

节水马桶是在现有普通马桶的基础上通过技术革新达到节水目的一种马桶。与普通马桶功能一样，节水马桶必须兼具省水、维持洗净功能及输送排泄物的功能。

节水马桶通常分为以下几种。

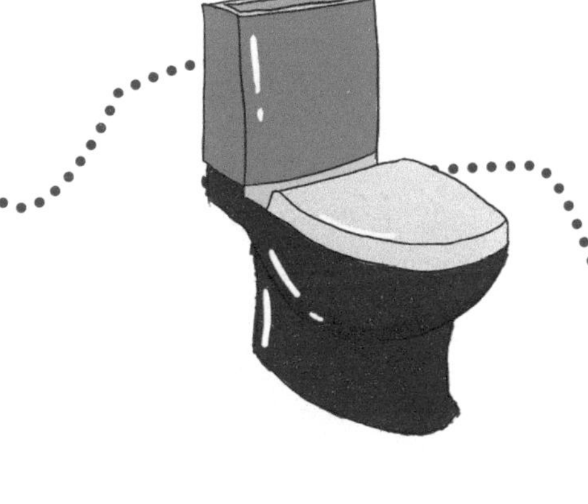

① 气压节水马桶。带有较高压力的气体和水先对厕所进行强冲洗，以实现节水的目的。

② 无水箱节水马桶。节水，体积小，成本低，不堵塞，适合节水型社会的需要。

③ 废水再利用式节水马桶。生活废水再次利用，清洁程度不减。

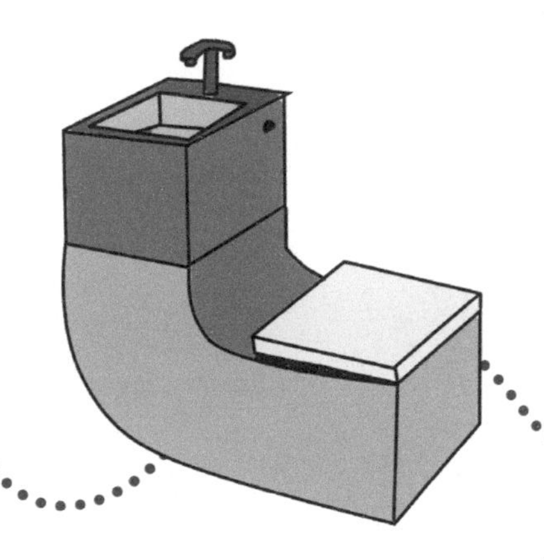

一般来说，节水马桶具有以下优点：

① 实现生活废水再利用；

② 不改变马桶的外观体积大小；

③ 不改变马桶的操作使用流程；

④ 不降低马桶的卫生清洁程度；

⑤ 不因废水存积散发任何异味。

（1）掂掂重量

一般来说，马桶越重越好，普通的马桶重量在 25 公斤左右，而好的马桶则在 50 公斤左右。重量大的马桶密度大，材料结实，质量较好。如果你没有能力拿起整个马桶来掂重量，那不妨掀起水箱盖来掂一掂，因为水箱盖的重量和马桶的重量往往成正比。

（2）算清容量

就同样的冲水效果来说，当然是用水量越少越好。市面上销售的洁具，一般都标明了用水量，不过你可曾想过，这个容量有可能会造假？有些不良商家为了让消费者上当，会将产品实际的大用水量标称为小用水量，让消费者陷入字面陷阱。因此，消费者要学会测试马桶的真正用水量。

（3）测试水箱

一般情况下，水箱高度越高，冲力越好。此外还需检验抽水马桶储水箱是否漏水。你可在马桶水箱内滴入蓝墨水，搅匀后看马桶出水处有无蓝色水流出，如有则说明马桶有漏水的地方。

（4）考量水件

水件质量直接影响冲水效果，并决定马桶的使用寿命。选购时可摁动按钮听声音，发出清脆的声音为最好。另外要观察一下水箱内的出水阀门大小，阀门越大，出水效果越好，7 厘米以上的直径为佳。

（5）触摸釉面

质量好的马桶，釉面光滑，外观光洁顺滑无起泡，色泽也很柔和。我们可以利用反光来观察马桶的釉面，不光滑的釉面在灯光下很容易现形。在检验外表面釉面之后，还应该去摸一下马桶的下水道，如果下水道粗糙，则容易勾住污物。

（6）测量口径

大口径排污管道且内表面施釉的，不容易挂脏，排污迅速有力，有效预防堵塞。如果没有带尺子，可将整个手放进马桶口，手进出越自如的越好。

（7）冲水方式

马桶冲水方式分为直冲式、旋转虹吸式、漩涡虹吸式、喷射虹吸式；按下水方式可分为冲落式、虹吸冲落式和虹吸漩涡式等。冲落式及虹吸冲落式的排污能力强，但冲水时声音大；而漩涡式一次用水量大，但有良好的静音效果；直冲虹吸式马桶兼有直冲、虹吸两者的优点，既能迅速冲洗污物，也可起到节水的作用。

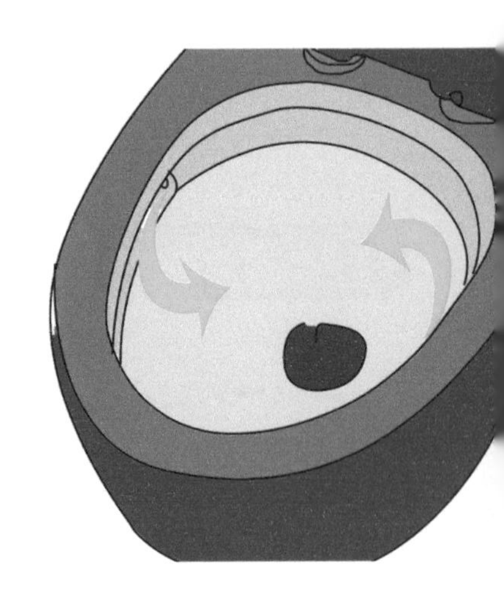

（8）现场试冲

马桶内放入 100 个树脂小球，冲水后剩余越少证明马桶冲水效果越好。

第四章 你应该知道的公共节水

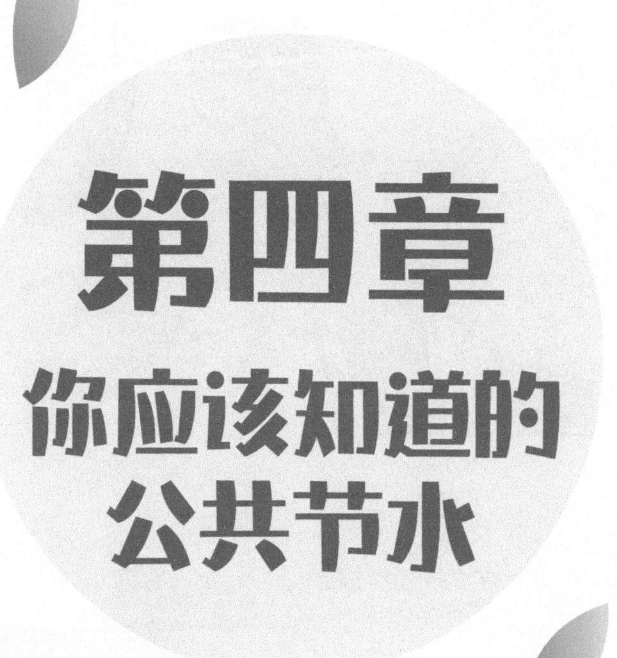

1. 在校园里如何节水

现在好多人容易忽略学校节水，但是学校反而是非常重要的节水地点，因为人口较多，流动性大，消耗的水资源很多，所以下面我们一起来分享学校节水的方法。

① 在校园内设置节水标语，在学校黑板报上粘贴节水文章，加强学生的节水意识。

② 节水可以在水龙头上先下功夫，学校全部使用节水型水龙头。

③ 学校的花坛、林木灌溉全部使用滴灌。

④ 引进废水处理设备，对学校使用过的废水循环利用。

⑤ 对学校所有屋子的屋顶都加装雨水回收设施，回收雨水使用。

⑥ 用漱口杯接水后，关了水龙头再刷牙，只需要 0.5 升水，如果让水龙头开着 5 分钟，则要浪费 45 升水。

⑦ 洗衣服时，头一盆水应多洗几件衣服再换水，不要一件衣服换一次水。

⑧ 平时洗手时，如果要涂肥皂，可以在湿了手以后，关掉水龙头，涂完肥皂后再开水。这样下来，也可以省一些水。

⑨ 进一步提高对做好校园节水工作的认识。

⑩ 建立和完善校园节水的新机制。

⑪ 抓好节水器具和节水措施的推广普及。对宿舍、浴室、公共教室等用水量大、用水集中的重点部位，要落实经费，对不符合节水要求的用水器具尽快进行更换，新建项目要全部采用节水型器具。推广采用延时自闭、红外感应式龙头、上层洗涤用水用于下层冲厕、空调用水循环使用、智能水控机淋浴系统等节水设备、措施和技术，提高科技节水水平。

⑫ 加强校园中水重复利用。学校排水的水质、水量比较稳定，冲厕、绿化、景观等均可使用中水，推广中水潜力巨大，经济效益十分明显，有条件的学校都要对建设中水系统进行调查论证，尽快建设一批中水项目。

⑬ 进一步加强雨水利用工作。各学校在操场、人行道、绿地设计、施工中都要采用渗水材料或建设雨水收集、蓄积设施，提高雨水利用效率，涵养地下水源。

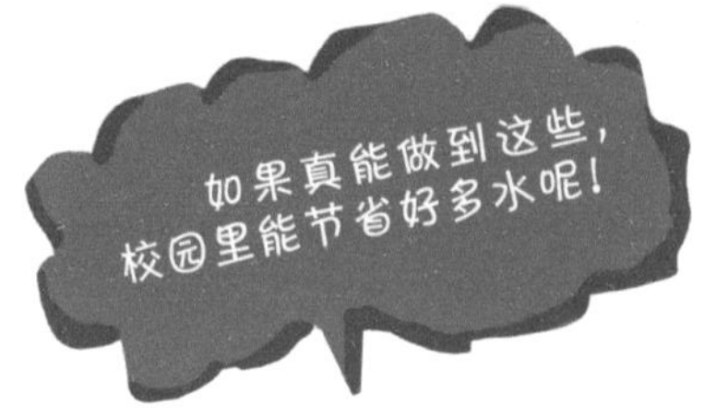

2. 在单位上班如何节水

一天 8 小时在单位上班，喝水是必需的。尽管水是免费的，但我们仍然要节约用水，具体该如何做呢？

① 如每天要喝新的开水，又喝不完一暖瓶水，可以每天打半瓶水，或者干脆买个小暖瓶。

② 在办公室用水洗手等要注意尽量不要把水龙头开到最大。

③ 开会尽量带自己的杯子。

④ 开会如提供矿泉水，喝不完时一定带走，留着喝。

⑤ 会务组织方可以根据会议长短选择瓶装水大小。

⑥ 单位的物业服务人员可以把洗手液稀释，这样可以不用大量水冲掉手上的泡沫。

⑦ 每天离开办公室或者早上来上班，大家都要洗杯子，清洗杯子的最后一次水可以带回办公室顺手浇花。

⑧ 前一天喝剩下的水可以浇花。

3. 庭园绿化如何节水

庭园绿化应当节水，绿化节水并不是不用水，而是通过提高水的利用效率，减少无效用水，实现真正节约水资源的目的。

① 一水多用，洗菜水、洗浴水、雨水浇灌绿地植物。

② 用水箱和容器接收地面、楼顶的雨水和雪水，如把水缸埋在靠近树旁的地里，需要时用于浇灌。

③ 只在需要浇水时再给草坪浇水，可以先站到草坪上，如果抬起脚后，草能自然伸直，说明尚不需浇水。

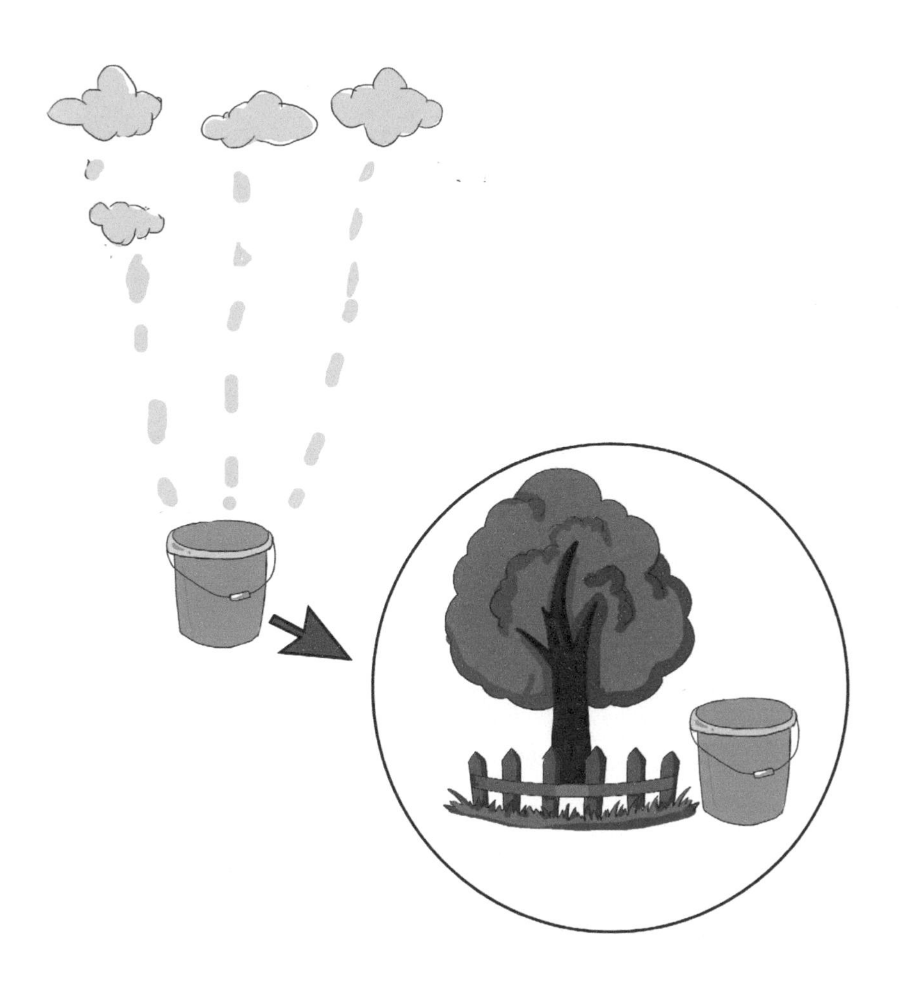

④ 向植物根部及周围土壤浇水，比向植物的叶子和花喷水更有效，且节水。

⑤ 避免过量施肥，肥料太多会造成植物需水量增大。

⑥ 大面积绿化浇水，尽量采用滴灌和微喷水系统。

⑦ 在树木或植物周围培一层护根的土，或者用草类残株、树皮、木屑、砾石等覆盖，以减少土壤水分蒸发。

⑧ 按植物需水性分区栽种，以便分区调整浇水量。

⑨ 清扫住宅区小路和车道，用扫帚扫而不是用水管冲，可以节约大量水。

⑩ 庭园绿化应选择耐旱节水型植物。

4. 市政环境如何节水

市政环境节水包括绿化节水、景观用水循环利用、游泳池用水循环利用、洗车节水、节水型公厕等。

（1）城市公共绿化用水的节水

可以通过发展生物节水技术，提倡种植耐旱性植物，并采用非充分灌溉方式进行灌溉作业；绿化用水应优先使用二次水、再生水，减少新鲜水用量；使用非再生水的，应采用喷灌、微喷、滴灌等节水灌溉技术，灌溉设备可选用地埋升降式喷灌设备、滴灌管、微喷头、滴灌带等。

（2）城市环境景观用水的节水

环境景观用水分为环境卫生用水和景观环境用水两种，其中环境卫生用水如冲洗街道等应以中水为主，而景观用水能循环使用的应尽可能循环使用。对于在循环过程中产生的水质污染问题，要进行必要的水质处理。环境卫生和景观环境用水水质应分别符合《城市污水再生利用　城市杂用水水质》（GB/T18920—2002）、《城市污水再生利用　景观环境用水水质》（GB/T18921—2002）(2020年5月起实施GB/T 18921—2019)。

（3）洗浴中心、游泳池用水的节水

① 循环用水系统减少用水量。洗浴中心采用循环用水系统，洗浴之后的污水进入化粪池，在经过沉淀之后，剩余的水会进入市政处理厂进行第三次处理，最后变成自来水。

② 游泳池用水的节水。城市游泳池用水应当采用循环利用技术，根据有关城市的经验，日补水量不应大于游泳池容量的5%。游泳池排出的废水，如果能够用来洗车，能节省很多水。

③安装IC卡。以卡控制阀门开关，将卡放在卡槽的左侧自动扣费，滑到卡槽右侧自动断水，停止计费。使用更方便，设计更加人性化；有每天最大用水限制，限制每天最长用水时间，真正实现节水效果。

④在洗浴房间张贴节约用水标志。提高人们的节约用水意识，最好的节水方法，就是在浴室张贴节水标志。

（4）机动车洗车用水的节水

推广洗车用水循环利用技术，采用高压喷枪冲车、电脑控制洗车和微水洗车等节水作业技术。同时，要研究开发环保型无水洗车技术。无水洗车技术是指将一种汽车清洗上光剂均匀地喷在车身表面，再用半湿毛巾擦拭车身，去除雨痕、污渍、油性斑点等，再用毛巾抛光，车身即光亮如新。冲洗一辆小轿车，如用软管冲洗用水要 200 升，用高压水枪冲洗需用水 30 升，采用自动循环水洗车设施要用新水 15 升。

洗车节水技术的层次性也非常明显：①无水洗车技术；②用水洗车的，优先使用再生水；③使用非再生水的，推广水的循环利用技术；④洗车操作时采用节水作业技术。

（5）公厕用水的节水

提倡使用节水型器具，大力发展免冲洗环保公厕设施和其他节水型公厕技术。

① 节水型器具的使用。节水型器具种类繁多，有节水型水箱、龙头、马桶等。从原理上说，有机械式（扳手、按钮）和全自动式（电、磁感应和红外线遥控）两类。公厕安装新型节水器具后，水箱、水嘴等采用红外线感应自动控制，大小便后，按照事先设计的时间和流量自动冲厕；洗手采用自动水龙头，自动关闭。不但脏乱现象和臭味一扫而光，更能保持原装修的美观、漂亮。

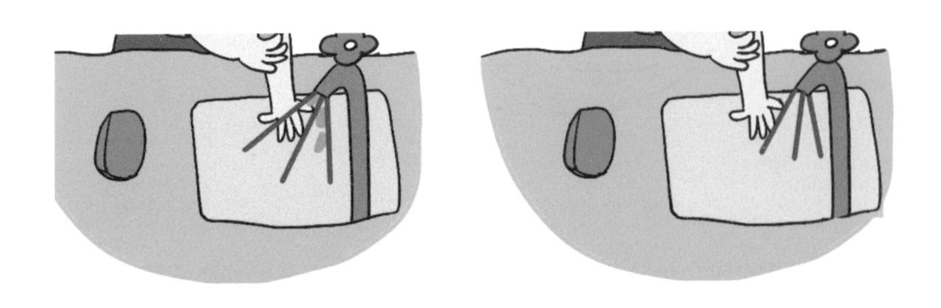

自动式水龙头比一般水龙头更灵敏、节水效果更好。

② 最新水循环处理技术免冲生态厕所。只需要在施工时一次性注入 35 吨水，经过水循环处理器处理后，不再需要补充水，比传统公厕每年节水 1 万多吨，每座传统公厕年均用水量高达 1.116 万吨。

工作原理：存放在水循环处理器中的水、培养基和微生物对粪尿进行生化处理，产生 CH_4、CO_2 和中水，完全降解人体排泄物，产生不竭水源，永久循环使用。

③ 泡沫式节水生态环保厕所。通过高科技手段使极少量的水产生体积大、质量轻、无污染的泡沫，代替冲厕用水，让粪便在泡沫中滑落进粪便处理器，转化为无害高效有机肥，可以直接用于城市园林绿化。

5. 农业如何节水

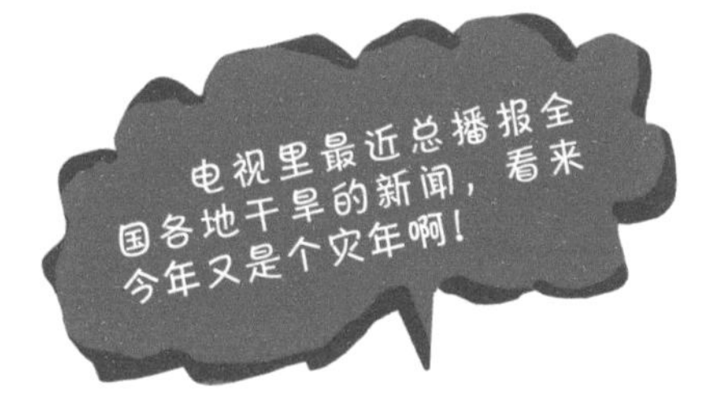

（1）农业节水灌溉技术

农业灌溉的主要方式有滴灌、喷灌以及微喷等，其中滴灌和喷灌是最常见也是最常用的一种节水灌溉技术，下面我们一起来了解下！

① 滴灌

滴灌是一种用水滴来向土壤浇水的常用灌溉方式，能够满足一些农作物对水的需求，滴灌的原理是使用低压管道系统将溶解了化肥的水有规律地、按一定速度慢慢地滴到农作物根部土壤中，滴灌灌溉的好处是能够节省水资源，灌溉的时候使用的水比较少，而且它的水管都埋藏在地下面，所以可以腾出沟渠的使用占地空间，将肥料溶于水中一起浇灌给作物能够减少肥料的流失，减少土壤板结的问题，节省了大量的水资源。

② 滴灌喷灌

滴灌喷灌与滴灌是不同的，滴灌是水自然流动到土壤中的，而滴灌喷灌是采用了压力喷射的模式，利用压力将水喷射到需要浇水的土地上方，然后形成一颗颗小水滴，再因为重力的作用而垂直往下散落到土地中实现水源灌溉，滴灌喷灌技术需要压力水源、输水管道以及喷头一起完成，喷灌这种灌溉方式虽然很先进，但是实施起来比较复杂而且维护也比较麻烦，这种灌溉方式只适合在大型的草坪中使用，对于喜水的农作物灌溉并不适合。

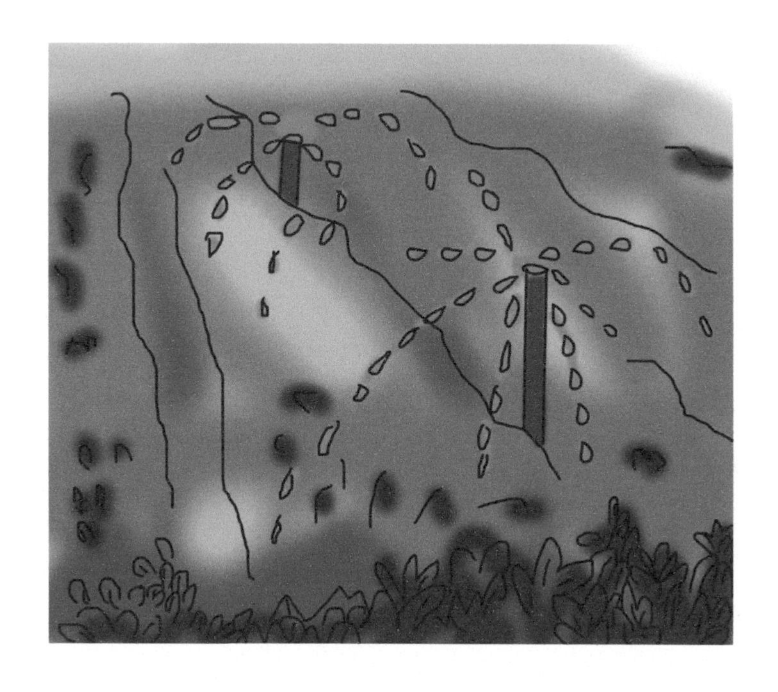

③ 喷灌微喷

喷灌微喷采用的是折射式、旋转式和成辐射式微型喷头，能够将水喷洒到一定的区域范围里，微喷的工作强度和力度没有以上两种灌溉方式高，但是它既能增加土壤养分又可以提高空气中水分的含量，能够湿润周围的空气和土壤环境，对于各种种植作物都适用。

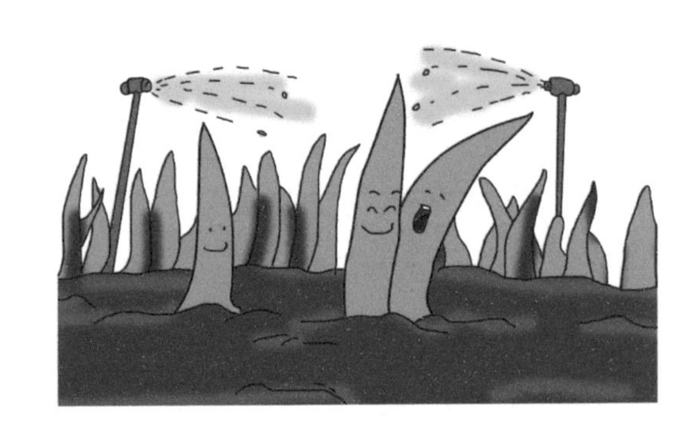

④ 微喷

微喷是一种雾滴的喷灌形式，微喷一般不会被人们拿来单独使用，现在微喷都是与其他灌溉技术一起结合使用，兼容性非常高，以后发展起来肯定是很先进和受欢迎的。

（2）农艺节水

① 关键时期灌溉

选择作物生长过程中对水最敏感、对产量影响最大的关键时期灌水，如禾本科作物的拔节初期至抽穗期和灌浆期至乳熟期、大豆的花芽分化期至盛花期等，节水效果也相当可观。

② 节水灌溉栽培技术

主要有深耕深松、增施有机肥、覆盖保墒、喷洒化学药剂等。

例如，将秸秆粉碎，铺盖在作物或果树行间，可以减少土壤水分蒸发，增加土壤蓄水量，起到保墒作用。

（3）生物技术节水

选育高产节水品种，例如花生的抗旱性强，缺水地区可以大面积种植；种子经过化学处理，可以提高发芽率，幼苗齐壮，节水又增产。

（4）提高农民节水意识

可以定期开展节水相关知识培训，提高农民的节水意识，政府也应对农民采用节水技术给予适当的财政补贴。

6. 工业如何节水

工业用水指工业生产过程中使用的生产用水及厂区内职工生活用水的总称。生产用水的主要用途: ①原料用水，直接作为原料或作为原料一部分而使用的水；②产品处理用水；③锅炉用水；④冷却用水等。其中，冷却用水在工业用水中一般占 60% ~ 70%。工业用水量虽较大，但实际消耗量并不多，一般耗水量为其总用水量的 0.5% ~ 10%，即有 90% 以上的水量使用后经适当处理仍可以重复利用。

一般而言，工业节水措施主要有技术型、工艺型和管理型。

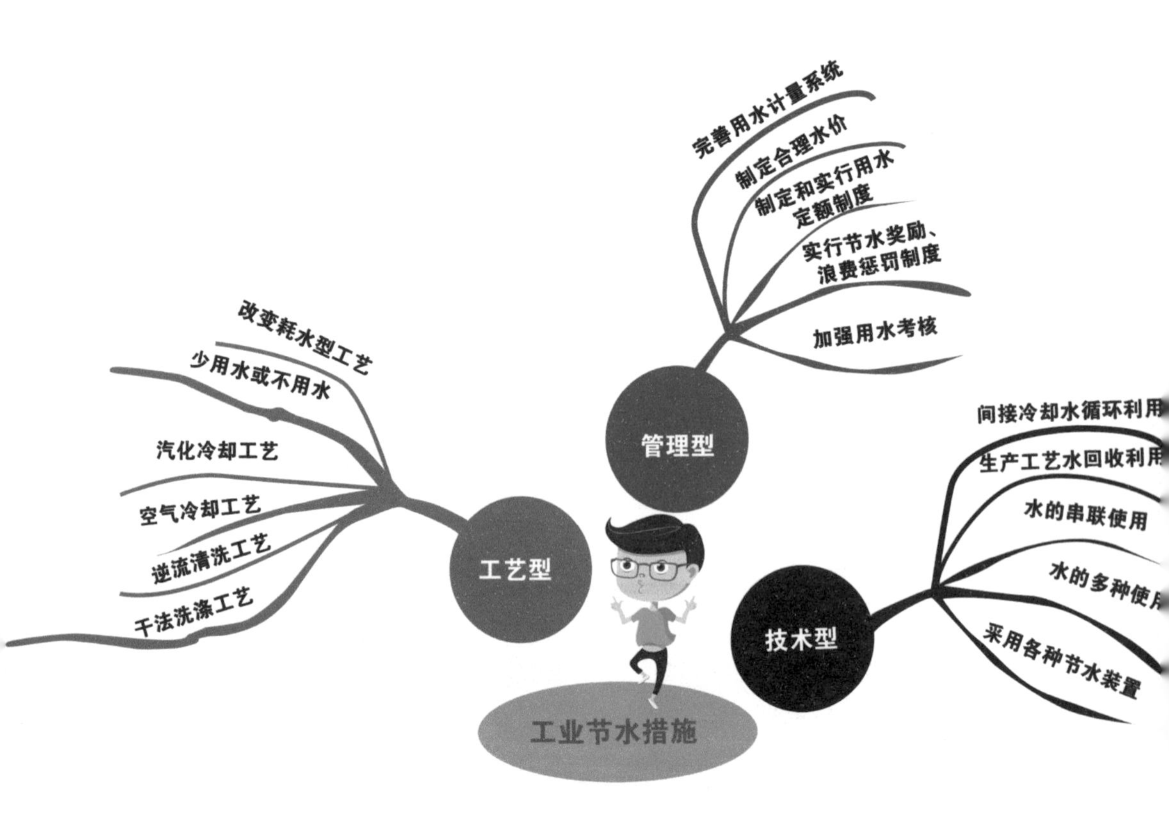

（1）推进循环利用

将工业废水资源化，实现水资源循环利用，是工业节水的首要途径。具体可以通过循环冷却水、回收冷凝水、回收外排水等方式实现。

循环冷却水：冷却水不仅可以再用于工厂生产中的其他环节来达到节水的目的，还可以将冷却水收集进行降温处理，再次用于冷却。

回收冷凝水：利用水蒸气遇冷凝结成水的原理，将工厂生产过程中制热、发电等环节用过的水蒸气进行收集，并再次使用，可以节约大量的水。

回收外排水：工厂排出的污水严重污染河流，破坏生态环境，如果将工厂排出的污水收集起来，进行深度处理后，再用于冷却或厂房的清洁，既省水又环保。

（2）积极处理工业废水

废水经过处理，使其水质达到排放或回用标准，不仅能减轻污染，还能针对其水质开发新技术，直接回用。通过优化污水处理工艺，提高废水处理率和达标率，甚至可以实现废水“零排放”。

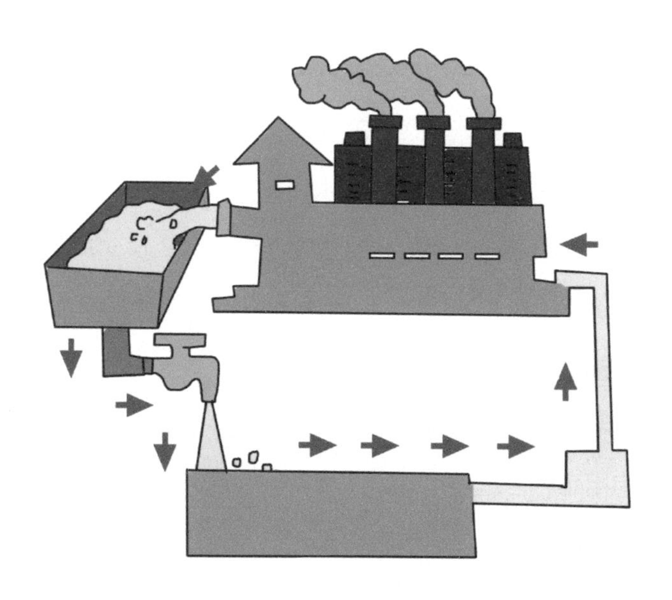

（3）采用先进的节水生产工艺

工业生产需水量由生产工艺决定。在纺织、造纸、食品工业中，工艺用水占总用水量的 40% ~ 70%。

为最大限度节水，减少污染，除了进行产品结构调整和设备改造，还应淘汰落后的高耗水设备，选择节水性或不耗水工艺，从源头节水。

（4）加强用水管理

首先，应完善用水制度。制订用水计划、节水目标，避免浪费；可以推行节水有奖、浪费惩罚，以促进大家节水。

其次，防漏堵漏。使用经久耐用的输水管材，定期检查维修输水管道设备，及时修补漏水管道，杜绝“跑、冒、滴、漏”等浪费水的现象。

再次，装备用水计量设施。在工厂的总管道、分支管道等各个控制点上安装计量水表，掌握工厂各个生产线用水情况，并实时记录下来，便于了解工厂整体用水量及用水量变化情况，制订有效的节水措施。

最后，定期进行水平衡测试。水平衡测试是通过专业人员对单位整体及内部各个环节的取水量、用水量、排水量、耗水量等进行科学测定、分析和计算，对工厂用水情况进行整体评价。

水平衡测试除了用于工厂，还能用于学校、医院、酒店、机关事业单位等，保证最大限度地节约用水和合理用水。

第五章 不可忽视的水循环

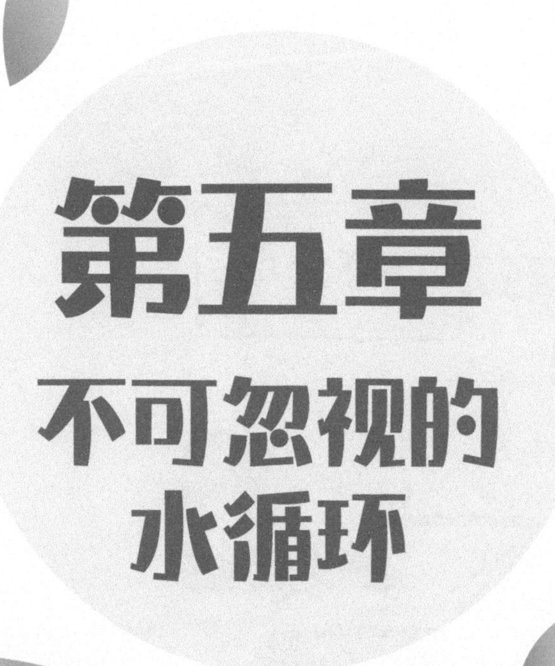

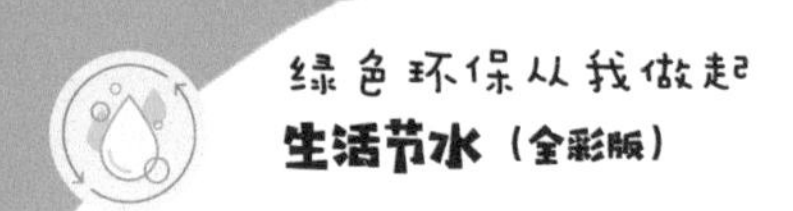

1. 中水回收再利用

中水是指污水、废水经二级处理和深度处理后达到规定的水质标准，可以在生活、市政、环境等范围内杂用的非饮用水。

1992 年，全国第一个政府命名的污水回用示范工程在大连市建成，规模每天 1 万立方米。大连春柳污水厂二级出水经深度处理后的再生水，供附近几家工厂作工业冷却用水，并向全市的园林绿化、建筑施工、市政杂用等供水。该示范工程提供了典型再生水工艺，发明了循环冷却系统氨氮去除法。大连开发区建有 64 千米的草地喷水管道，浇灌 116 万平方米道路中心绿化带，每天用

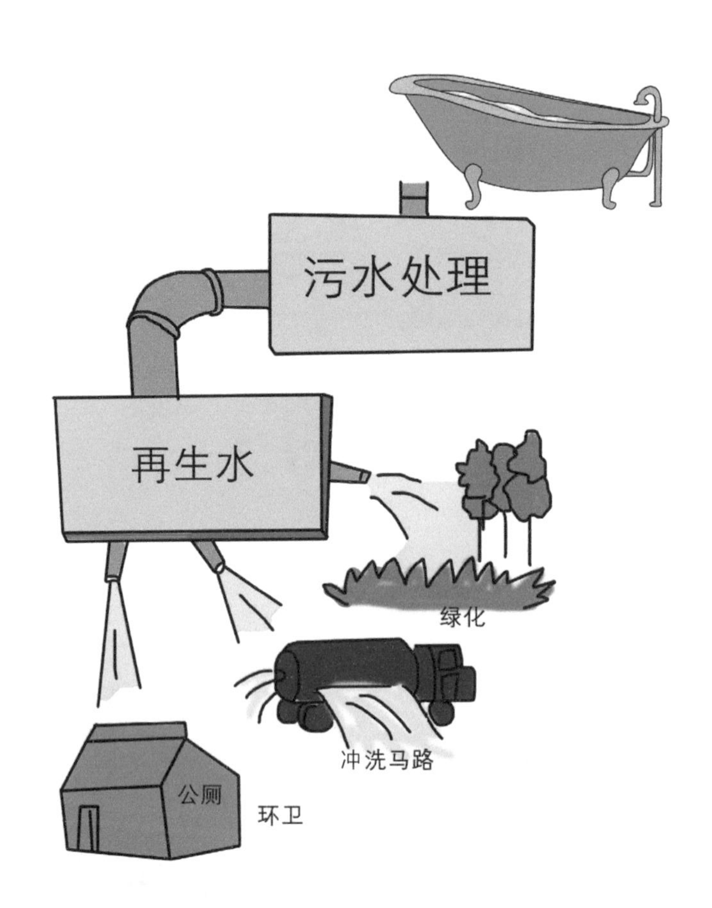

水 3500 立方米，创我国最大的以再生水自动喷洒草地之先例。2002 年，大连马栏河污水厂建成投产，规模达到每天 12 万立方米，现回用每天 4 万立方米。付家庄污水厂处理规模每天 1 万立方米，出水主要用于滨海路中西段，森林动物园及付家庄区域的绿化灌溉。

中水具有价格低廉、应用范围广、大大减少污水排放等优点，可以用于园林绿化、景观喷泉、车辆冲洗、道路喷洒、厕所冲洗等。

（1）集中回用

以污水处理厂处理后的二级水为水源，也可以直接用城市污水（不包括重污染工业废水）作为水源，经过沉淀、过滤、消毒等深度处理后，用于农牧、城市杂用、居民生活杂用等，由特殊工艺处理的高水质中水甚至可以用于补充水源。

（2）小区回用

这里的小区泛指居民住宅区、疗养院、商业中心、机关学校等相对独立的区域。小区中水回用也称为就地回用，将小区污水收集后处理并在小区内回用。

（3）楼宇回用

楼宇回用是指一栋或几栋建筑物内的污水再生回用形式。水源一般是优质的杂排水，回用于冲厕、清扫、绿化等。

2. 怎样收集雨水

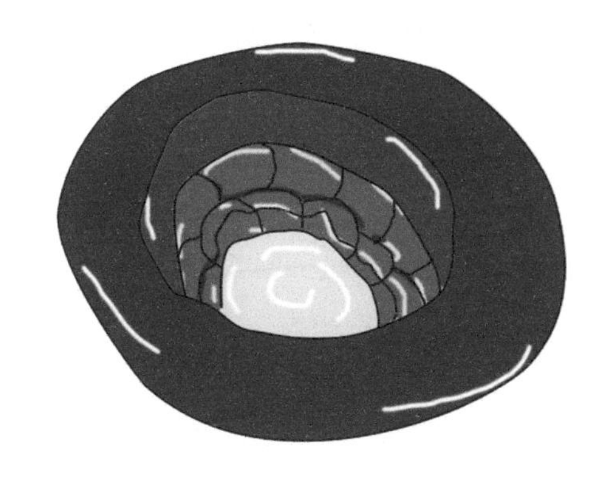

不知道大家听没听说过水窖，这是一种在西北缺水地区、苦水（水质苦涩）地区存蓄雨水、雪水的水利设施。在田边路旁水流汇集的地方，挖掘瓶状土窖，内壁及底部均有防渗设施，除供人畜饮用外，还可浇灌农田，也起蓄水保土作用，也叫旱井。

以前在西北缺水地区，水窖是女方择婿的主要标准之一，当地有一句著名的方言："一看女婿僚不僚（僚就是好、出色的意思），二看有没有大水窖。"

雨水回收利用对水资源严重短缺的国家来说，无疑是一条节约用水重要而广阔的渠道。

（1）屋面雨水积蓄利用系统

下雨时，雨水顺着斜屋顶面或平屋顶上的排水管白白流走，非常可惜。该系统以瓦屋面和水泥混凝土屋面为主，以金属、黏土和混凝土材料为最佳屋顶材料，

由集雨区、输水、截污净化、储存以及配水等系统组成。雨水经过截污净化后可用于冲厕、浇灌、洗衣、洗车等，既增加居民生活可用水量，又能减轻暴雨季节城市排水的压力。

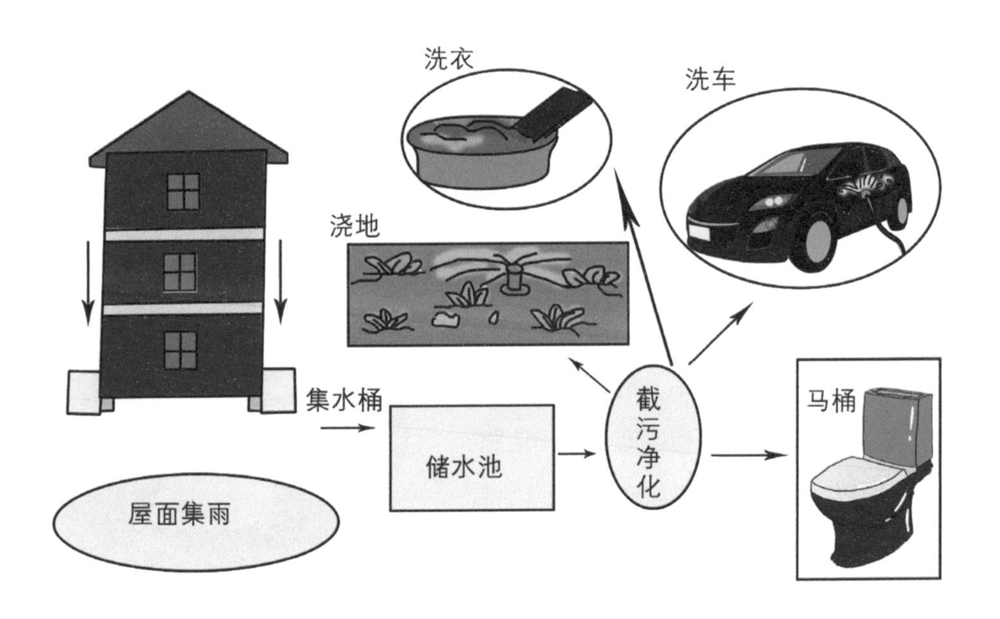

（2）屋顶花园雨水利用系统

该系统既可利用于削减城市暴雨径流量、控制非点源污染和美化城市，又可作为雨水积蓄利用的预处理措施。上层土壤选择孔隙率高、密度小、耐冲刷、可供植物生长的洁净天然或人工材料，在雨水通过排水措施进入雨水收集管道之前进行初步预处理。

（3）地面雨水截污渗透系统

城市中大多为不透水的水泥路与柏油路，每当下雨的时候，雨水不能渗入地下，容易出现城市内大面积积水的现象，即城市内涝。可以采取增加城市绿地面积并大量使用透水性路面，使雨水很快下渗，减少城市内涝的同时，有效补充地下水；或修建排水道，集合城区内的雨水进入城市景观河或景观湖。

（4）生态小区水景对雨水的利用

小区水体不仅能湿润、净化空气，改善小区气候，还可以作为雨水调蓄池用作生态小区的消防、绿化和浇灌，这些都依赖于良好水质的保持，并需要消耗大量的水。因此，可以集合小区内的雨水排入小区内的景观河、景观湖或洼地等。

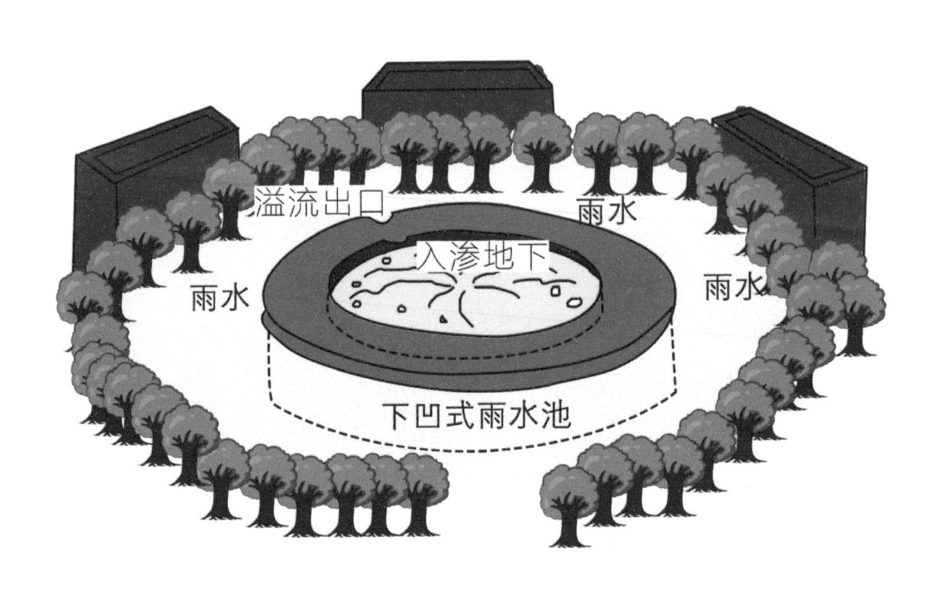

3. 怎样淡化海水

海水淡化即利用海水脱盐生产淡水。我国有着丰富的海水资源，在淡水资源日益紧缺的今天，海水淡化成为我们开辟新水源的主要途径之一。

海水淡化方法有海水冻结法、电渗析法、蒸馏法、反渗透法以及碳酸铵离子交换法，目前，世界上通用的是蒸馏法和反渗透法。

（1）蒸馏法

蒸馏法是通过加热海水使之沸腾汽化，再把蒸汽冷凝成淡水的方法。蒸馏法海水淡化技术即使在污染严重、高生物活性的海水环境中也适用，产水纯度高。

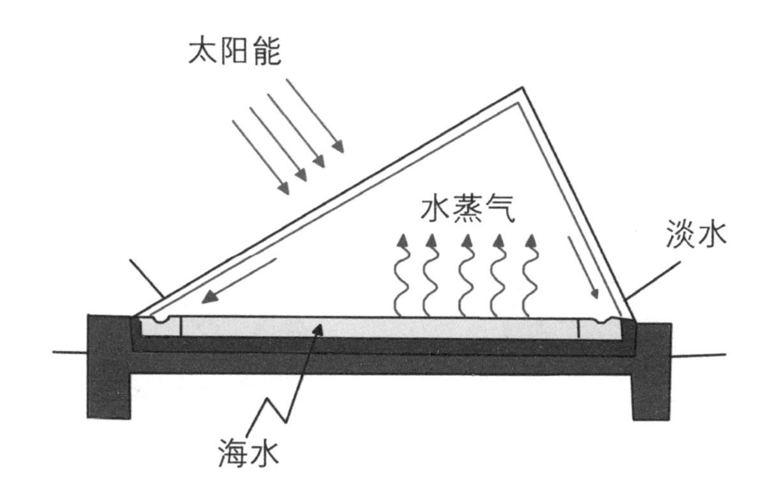

（2）反渗透法

通常又称超过滤法，是利用只允许溶剂透过、不允许溶质透过的半透膜，将海水与淡水分隔开的。在通常情况下，淡水通过半透膜扩散到海水一侧，从而使海水一侧的液面逐渐升高，直至一定的高度才停止，这个过程为渗透。此时，海水一侧高出的水

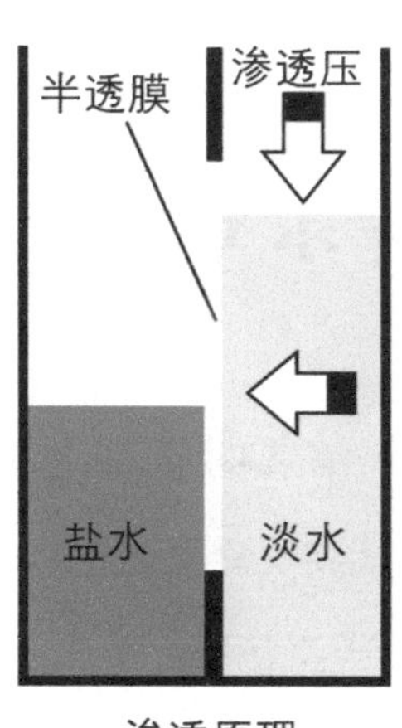

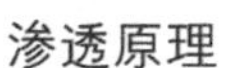
渗透原理

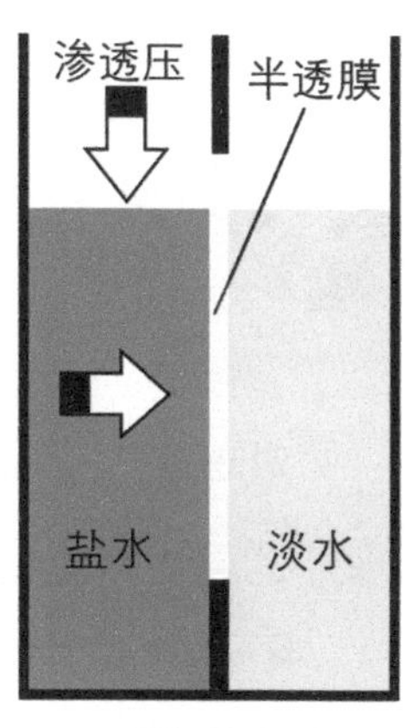

反渗透原理

柱静压称为渗透压。如果对海水一侧施加一大于海水渗透压的外压，那么海水中的纯水将反渗透到淡水中。反渗透法的最大优点是节能。它的能耗仅为电渗析法的 1/2，蒸馏法的 1/40。

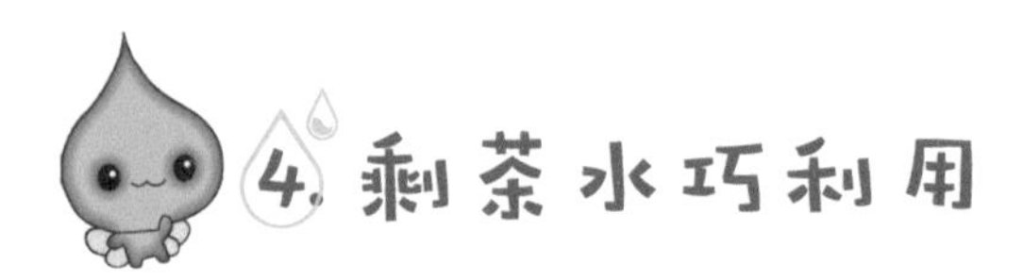

4. 剩茶水巧利用

对喝茶的人来讲，常常冲泡茶后不能当天全部喝完，而所剩下的茶水隔夜后又不能再喝，怎么才能实现资源再利用呢？

① 剩茶水可以用于浇花草。茶水所含的物质花草也同样需要，所以用它来浇花一举两得。

② 茶水洗脚不仅可以除臭，还可以消除疲劳。洗脚前把茶水倒入脚盆，洗脚时就像用了肥皂一样光滑，洗后轻松舒服，还能缓解疲劳。这是因为剩茶水中含有微量矿物质，如氨基酸、茶绿素等。

③ 用洗发液洗净头发后，再用茶水洗一遍，坚持一段时间后能使头发乌黑靓丽。

需要注意的是，直接把茶叶和茶水一起倒在花草盆里不太好，因为湿茶叶风吹日晒后会生霉，所产生的这些霉菌对花草有一定的伤害。

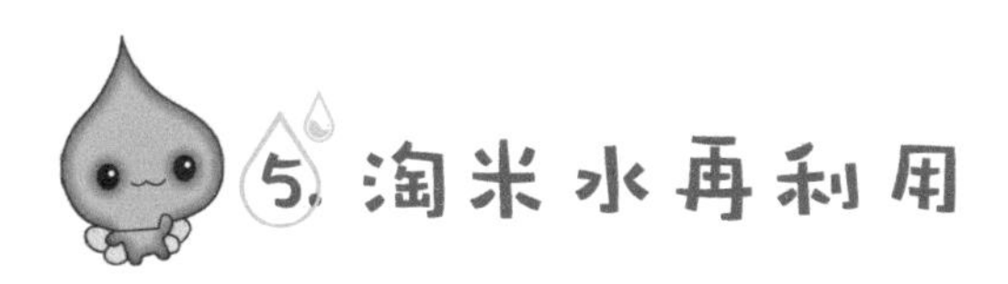

5. 淘米水再利用

淘米水中有丰富的营养元素，能够帮助我们解决多种问题，让我们的生活变得更加便利。在洗完米后，为了避免浪费，要充分利用淘米水。

（1）淘米水是天然的去污剂

与一般的工业去污产品相比，淘米水不仅洗净力适中，而且无任何副作用。例如，浅色衣服用淘米水浸泡一下，然后用肥皂洗涤，就会洁净如新；起霉斑的衣服，放入淘米水中浸泡一夜，可退斑洗净。又如，面对一堆有油污的碗、碟、瓶子时，与洗洁精相比，淘米水是更好的选择。淘米水经加热后，其淀粉质变性，而变性淀粉具有良好的亲油性和亲水性，所以油污一旦遇到淘米水，就会被淘米水中的淀粉吸附，从而脱离碗碟。

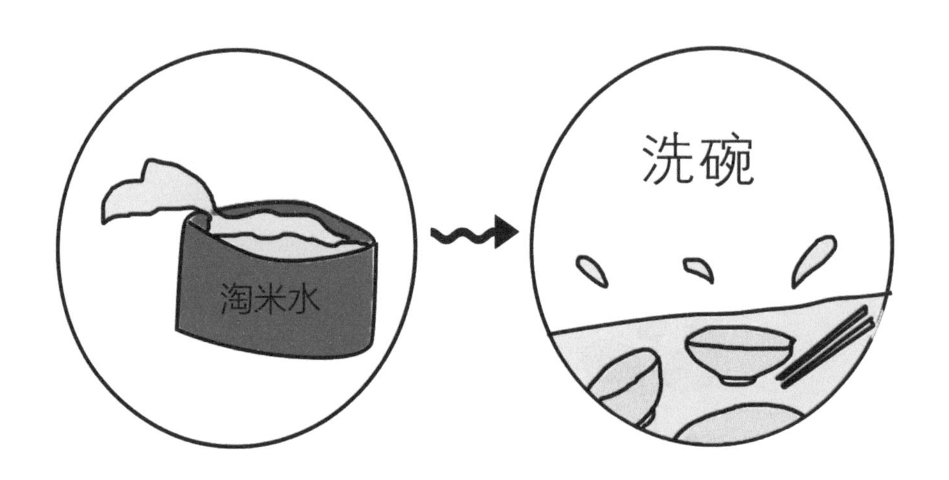

（2）淘米水是不花钱的化妆品

淘米水里含有淀粉质、维生素、蛋白质，这些营养物质可以对皮肤起到保湿、抗老化、美白的作用。经常用淘米水洗手、洗脸，皮肤会变得光滑白皙，淘米水还具有护发、亮发的功效。

（3）淘米水还具有一定的药用价值

淘米水含有一定的蛋白质、维生素和微量元素，特别是头一两次淘米水含有钾且呈弱酸性，加入食盐入药后，具有清火、凉血、解毒的功效。用淘米水加食盐煮开后，外洗或外擦皮肤，对皮肤有比较温和的清洁作用，而且可以保持皮肤表面正常的酸碱度、抑制病原微生物的生长、防止皮肤瘙痒等。

（4）淘米水浇花

淘米水最简单的一种使用方法就是用来浇花，十分方便，但是不能直接浇，需要先发酵，然后稀释，它可是花草不可多得的肥料。

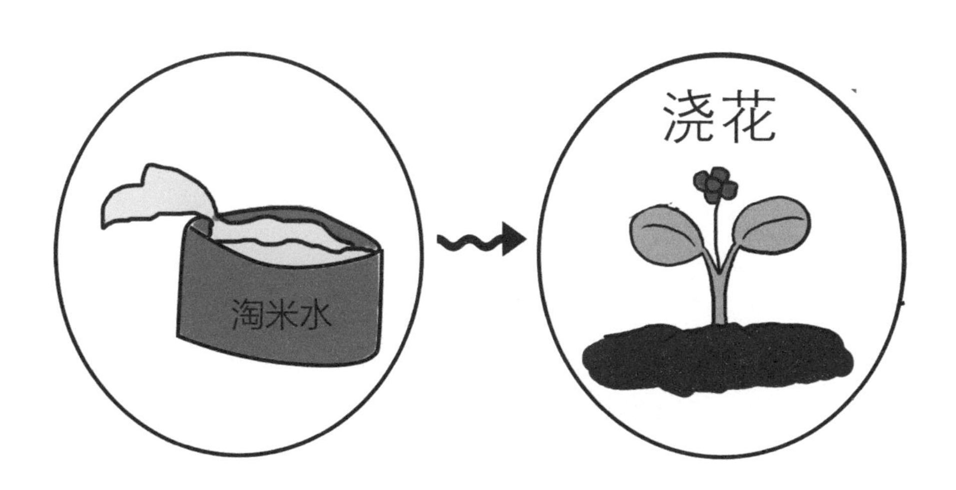

以后我也要把淘米水存起来用！

好啊，这么好的东西倒掉都浪费了。

第六章 国外节水经验分享

1. 美国强制“就地滞洪蓄水”

美国的雨水利用常以提高天然入渗能力为目的，芝加哥市兴建了地下隧道蓄水系统，以解决城市防洪和雨水利用问题。其他很多城市还建立了屋顶蓄水和由入渗池、井、草地、透水地面组成的地表回灌系统。美国不但重视工程措施，而且还制定了相应的法律法规对雨水利用给予支持。如科罗拉多州、佛罗里达州和宾夕法尼亚州分别制定了《雨水利用条例》。这些条例规定，新开发区的暴雨洪水洪峰流量不能超过开发前的水平，所有新开发区必须实行强制的“就地滞洪蓄水”。

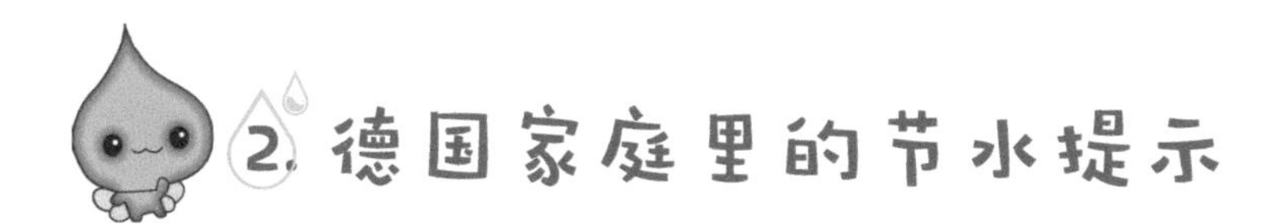

2. 德国家庭里的节水提示

德国是淡水资源丰富的国家，雨水较充沛，但政府仍号召大家节约用水。德国出台了框架式的有关水的法律，各州都有具体的水法规，地下水的抽取量、抽水地点及时间等，由各州水管理部门根据法律规定发放许可证。环境部门专门建立网站，向公众介绍节约用水的方法，例如，给花园浇水最好用雨水，而且最好在早晨或晚上浇水，这样可以减少蒸发造成的水损失。政府倡导市民改变个人用水习惯，使用淋浴而不是浴缸洗澡，购买节水型抽水马桶、洗衣机等。

德国人节约用水的意识非常强，例如学校里开设了节约用水的课程；家长教孩子在洗碗、拖地时如何节约用水；在旅馆、学生公寓及其他许多公共场所，都可以看见“节约用水”“节约资源”等提示牌；许多家庭的卫生间里贴着“刷牙或抹肥皂时将水龙头关闭”的提示；在大型体育赛事、展览会上，民众要交押金才能享用主办方提供的免费瓶装饮用水，喝完凭空瓶换新的，或换回押金。

在德国，雨水利用率很高，很多家庭都使用集雨装置。家庭对雨水的利用主要是通过房顶收集雨水，雨水经过管道和过滤装置进入蓄水箱或蓄水池，再通过压力装置把水抽到卫生间或花园里使用。一些州和社区鼓励、帮助居民购买雨水收集设备，并提供一定的补贴。

调节水价是德国政府推行节约用水的一个重要杠杆。德国水价由固定水价和计量水价两部分构成，每立方米收费 1.91 欧元，是美国水价的数倍。水费高昂，人们不得不节约用水。在德国内陆地区，一些家庭打扫卫生时，一桶水先用来擦洗家具，再用来擦洗门窗、拖地板，最后用来冲马桶。工业部门也设法提高水的重复利用率，降低水消耗。德国工业用水平均重复利用 3 次，大众汽车公司生产用水可循环利用五六次。

3. 以色列：世界节水的典范

以色列是一个严重缺水的国家，沙漠面积占国土面积的一半以上，冬季温和、夏季炎热，年蒸发量达 2500 毫米。为了解决生存危机，国家在水资源的开发利用和节约管理上，从北到南，从地上到地下，从淡水到咸水，从咸水到污水，进行立体综合开发，把淡水资源利用最大化，成为世界节水的典范。

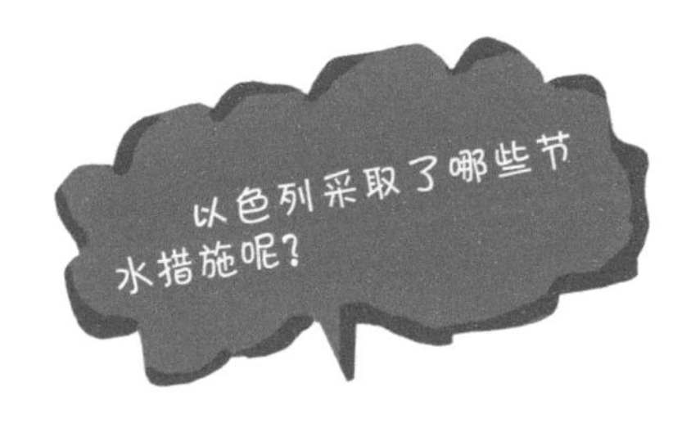

（1）完善法律法规

以色列政府从 20 世纪 50 ~ 60 年代开始，就对水权、水量、水质、水效率提出了明确的要求。1959 年颁布的《水资源法》是水资源管理的基本法，规定全国的水资源一律归国家所有，人人享有用水权利，但不能使水资源盐化、污染或耗尽。1962 年出台了《地方政府污水管理法》，规定了地方政府在污水管理中的权利和义务，强调政府必须保证水资源的清洁健康和有效持续利用。1981 年颁布了《公共健康法典》，对饮用水保护和废水利用提出了明确要求。同时还针对污水坑和化粪池、蒸发塘和蓄水池、工业水软化盐的排放、工业废水、船舶废水等的排放分别制定了法律法规，提出了明确的要求。

（2）充分挖掘利用淡水资源

以色列淡水资源十分匮乏。全国淡水资源总量仅 20 亿立方米，人均不到 300 立方米，属极度缺水国家，为了解决淡水资源匮乏，他们采取三条措施：一是雨水积蓄利用，全国建立库塘池等蓄水设施 100 多万个；二是北水南调；三是开采地下淡水资源，并通过雨季输水、污水净化等办法，补充地下淡水资源，达到供需平衡。

（3）咸水利用

以色列咸水淡化起始于 20 个世纪 60 年代，采取多层薄膜加压反渗透方法，过滤高浓度的盐分，净化淡水资源。2007 年，以色列海水和咸水淡化占农业用水的 40% 左右。同时，通过科研攻关，研究适于微咸水灌溉的农作物，如西红柿、甜瓜、棉花等，在沙漠的充足光照下，种植的棉花产量高，品质好；种植的水果产量高、味道甜、易保存，远销欧美市场。

（4）污水处理

以色列政府在 1972 年制定了“国家污水再利用工程”计划，开展试验研究，把城市的生活污水、工业废水就近处理，取得了很大成功。至 1997 年约有 60% 的城市废水进行无害化处理后用于灌溉。目前污水处理率已达到 70%，其中 1/3 用于农业灌溉，其余就近排入地下，补充地下淡水资源。

（5）节水灌溉

节水灌溉包括喷灌和滴灌，喷灌主要用于效益相对较低的棉花、土豆等作物的大田灌溉。滴灌主要用于效益较好的花卉、水果、蔬菜的灌溉。滴灌技术是通过干管、支管和毛管上的滴头，在低压下向土壤供应已过滤的水分、肥料或其他化学剂等的一种灌溉系统。以色列节水灌溉起步早，技术领先，形成产业，效益明显。

（6）建立良好的科研机制和投融资机制

以色列的节水技术能走在世界的前列，得益于科研和投融资机制。它的科研载体是水务公司，水务公司根据市场需求，专门组建课题攻关小组，逐一破解技术难题，并开发有市场前景的节水产品。资金主要来自企业自筹、政府投资、国际融资、国民基金四个渠道。2006 ~ 2009 年，仅以色列政府给水务公司投入的科研经费达 5000 多万美元。

（7）制定规章，培育公民的节水意识

为应对水资源短缺问题，以色列政府制定了《家庭节约用水十条规定》和《花园用水十条规定》，环保部（现生态环境部）还发布了《节约用水的建议》，这些规章对家庭用水和花园用水做出了具体规定。如厨房、浴室的水龙头要安装控制水流的装置，洗手抹肥皂和洗碗擦碗应关闭龙头，洗碗机和洗衣机必须是装满要洗涤的碗和衣服后才能使用等。

4. 新加坡：采集每一滴雨水

新加坡国土面积狭小，四面环海，淡水资源极其匮乏，所以新加坡一直以来都在大力发展海水淡化技术，发展新生水。

早在 20 世纪 50 年代，新加坡就开始建设雨水集水区，现在已拥有 17 个蓄水池，集水面积占全国面积的 2/3。同时，所有的城市道路和街道两旁以及所有的居民住宅区修建蓄水管道，以“采集每一滴雨水”并加以利用，新加坡政府计划将全岛集水区的面积扩大到全岛面积的 90%。

新加坡四面环海，最不缺的就是海水。大士新泉海水淡化厂是东南亚规模最大的海水淡化厂之一，每天可为新加坡提供 13.6 万立方米淡水。但是海水淡化成本较高，并不能彻底解决新加坡的用水问题。为此，新加坡政府充分利用高科技手段，回收所有工业和家庭废水，经过多重过滤消毒和先进的膜技术进一步净化，使其达到可饮用的标准，这种水被称为“新生水”。新生水经世界卫生组织反复论证，确认可以放心饮用。

新加坡政府认为，采取各种措施“开源”的同时，“节流”也很重要。新加坡政府给每个家庭免费发放节水环，安装在水龙头上可有效减少出水量。新加坡政府还规定所有新建筑或新装修的建筑都必须安装双钮式节水马桶，供使用者选择。笔者发现，在新加坡用抽水马桶放水时，水量大约是国内抽水马桶的

1/2，但水流很急，把马桶冲得很干净。此外，洗衣机、水族箱等家用设备，必须贴上耗水标识，以便消费者对比用水量。

新加坡政府重视提升国民的节水参与度。中小学教材都会提到节水问题，也会组织学生参观海水淡化工厂和大型蓄水池、雨水收集装置等项目，帮助学生了解海水淡化工艺流程，了解国家水资源的宝贵，提升节水意识。

5. 日本：节水是社会责任

日本人的节水意识已经渗透到了生活的方方面面。

先看日本的公共厕所。日本的厕所很注意节约用水，有很多地方冲洗厕所用的都是再生水，大多是工厂废水循环利用。这种使用再生水的厕所多在高速公路休息站。因为再生水颜色发黄，一进去的时候人们或许会错认为是前面用过的人没有冲水，后来看了墙壁上贴的告示就会明白，原来使用的是再生水。

在家庭生活中，日本人也很注意节水。日本电视台曾经播放过一些节水的节目，介绍的都是如何在日常生活中从小处节水的知识。如洗完菜后要注意先关水龙头，然后再把菜放好，而不是先把菜放好再来关水龙头；做油炸食物后锅里沾满了油，洗起来很费水，要用纸把油擦净后再用水洗，这样既可以节约用水，又可以减少对水源的污染。同时，吸了油的纸作为可燃垃圾，燃烧时可增加回收的热量。

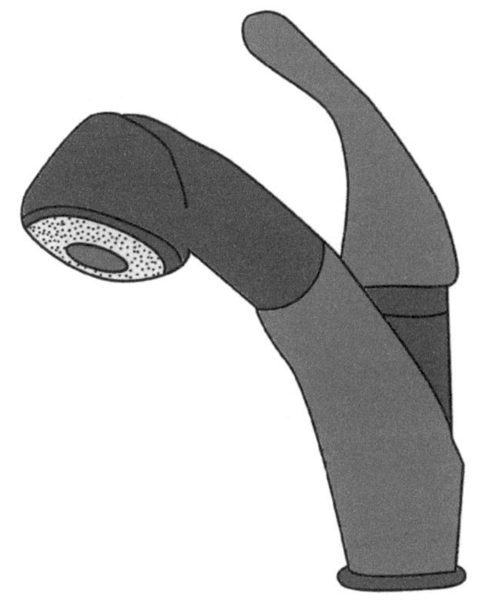

日本的水龙头大多有伸手即出水的自动感应装置，不少水龙头是像淋浴喷头那样通过许多细孔喷水，这样既可满足洗手用水，又不浪费。

日本人用导管把屋顶的雨水引入设在地下的雨水沉沙槽，然后流入蓄水池，然后提升到中水（再生水）道里，供冲洗厕所等使用。目前，东京都、大阪府、福冈市、千叶县、香川县等不少地方政府都相继制定了条例，通过各种办法积极促进对雨水的利用。

6. 法国竟然出动“节水警察”

法国拥有较丰富的水资源，人均水资源占有量达 3000 立方米，但仍存在水资源分布不均的问题。随着经济的发展，人们对水的需求量持续增加。节约用水逐渐成了人们保护水资源最重要的解决办法与措施。除了从水价政策上有效鼓励人们节约用水外，法国作为曾经也面临水资源短缺问题的国家，自创出了许多节约用水的新思路和小妙招供其他国家借鉴。

（1）公众有序参与水价制定

目前，法国75%以上的供水采用公私合作模式，公共供水资产的所有权在政府，经营与管理由私营机构负责。因此，水价由水费和水税两部分构成，水费用于支付供水成本和供排水设施的维护，水税用于支付改善水环境质量的费用。

由于定价与监管都有公民参与监督，法国的供水与管理以公开、透明而闻名于世：一般先由投资者同供水公司和用户代表等提出拟定价格，然后由市镇政府召开水价听证会，协商定价后三方签署合同，最后由市长确认生效。

（2）水价定期调整呈逐年上涨趋势

自2006年第二部《法国水法》颁布后，水价政策以社会保障为目标，仅收取固定的较低的用水费，超出部分采用分档递增定价。一般而言法国各市的水价每5年调整一次，以巴黎为例，2018年水费每立方米约3.42欧元，约等于人民币27块钱。与十年前相比，巴黎的水费上涨了53%。此外法国各地水价悬殊，城市越小水价反而越高，最高价和最低价差异竟达8倍。

（3）多头并举循环利用雨水

在巴黎，许多市民家庭自觉使用节水马桶，甚至不惜花钱安装生态淋浴系统，将洗澡水过滤后循环使用装入抽水马桶，可节省近40%的生活用水。几乎家家户户都有安装集雨管，下雨时，它能将屋顶的雨水引入地下蓄水池，在过滤净化处理后，就可以作为厕所等二类生活用水使用。法国一些城市还制定了有关雨水利用的地方法规，例如规定新建小区必须配备雨水利用设施，否则将征收雨水排放费。

（4）让节水成为每一个人的自觉行动

法国还特别注重节水宣传，各大电视台和电台每天都会播出节水公益广告。此外还有“节水警察”会在易干旱地区巡视，发现违规用水或浪费水资源者都将处以 500 欧元以上罚款。久而久之民众养成了“节水为荣、浪费为耻”的自觉节水好习惯，他们当中甚至还有些自发自创的节水小窍门。

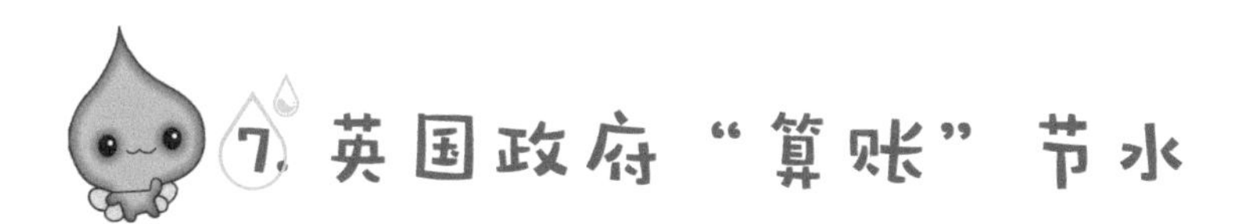

7. 英国政府“算账”节水

过去 30 多年，英国用水量逐年增加，供求平衡越来越难保持。为了号召市民节水，英国政府一笔笔算起了“水账”。

为了说明水的重要性，英国政府于 2000 年曾公布过一组数字。例如，要生产 1 吨大米，需要 2000 吨水；要收获 1 吨小麦，要消耗 1000 吨水。这些数

字简单明了地说明了对水的需求，自然也就提醒人们需节约用水。

据英国环境署公布的数据，2003 年，英国每个家庭的年水费为 234 美元，污水处理费为 264 美元，水开支总额比 1989 年增加了 24.9%，这可是一个不小的涨幅。因此，政府号召无论企业还是个人都应通过各种渠道节约用水。

要节水，首先要知道使用了多少水——这是英国环境署经常提及的一句节水口号。据研究机构公布的数据，家庭消耗了英国 30%的水资源，因此每个家庭对节水发挥着至关重要的作用。英国环境署为每位家庭主妇算了几笔账：洗衣机的用水量大约是总用水量的 14%；厨房洗碗机和水池用水量大约为总用水量的 7.7%；尽管用于园林的用水量仅为总用水量的 6%，但夏天晚间用水量的一半都用在了花园中。

不过，英国环境署指出，只要改变生活习惯就能节约大量水资源。比方说，刷牙的时候不将水龙头拧紧，每分钟最多会浪费 5 升水。但如果英格兰和威尔士的居民在刷牙时都拧紧水龙头，每天就能够节约 18 万吨水，足够为 50 万户家庭供水。另外，更换陈旧的用水设备也是节水的好途径。例如，新洗衣机耗水量大约是一台使用了 10 年的洗衣机用水量的一半。凡此种种，英国环境署的网站上提供了从自来水到小便池，从浴室到管道各种家庭节约用水的办法。

2005 年，英国政府对所有公共场所进行了抽样调查，计算出每个人每年的用水量。例如，办公室中一般每人年用水 9.3 吨，最节约的可到 6.4 吨；小学生在学校通常每年用水 4.3 吨，最节约的可到 3.1 吨；博物馆通常每人年用水 0.332 吨，最节约的可到 0.181 吨。通过这组数据的比较，英国政府鼓励市民在公共场所节约用水。

除此之外，英国环境署还给企业算了一笔账。加工型企业的水费大概是营业额的 1%。零售业或其他服务行业通过节水措施最多能节省 50%的水费。环境署为企业节约用水出谋划策，如安装水表，确定用水类型，每年更新水管理计划；卫生间内不仅安装控制冷热水的系统，还要安装控制照明和通风设备；在屋顶和停车场等地方安装雨水收集系统，用雨水来冲厕所，洗车；安装废水循环系统，将浴室洗漱用的废水用来冲厕所，等等。

此外，英国环境署还设立了节水奖，以表彰对节约宝贵水资源作出特殊贡献的组织。

8. 澳大利亚的节水妙计

澳大利亚作为世界上最大的岛屿之国，真正称得上“地大物博”，不仅有“世界活化石博物馆”“骑在羊背上的国家”“坐在矿车上的国家”之称，而且由于其物种特有性极高，使得澳大利亚具有极其优越的自然禀赋。尽管如此，由于气候干旱且蒸发量大，澳大利亚也是一个水资源相对短缺的国家。

（1）政府控水有严格规定

在极度缺水的墨尔本，市政部门则规定居民不得使用洗碗机，每天有 100 多名巡视员 24 小时不间断地在郊区巡逻，抓到浪费水的住户就立刻进行处罚，屡犯者还会被断水。

在五级限水的昆士兰州东南部，浇花只能用水桶提水，时间规定在一周中的三天从下午四点到七点；洗车只能从水桶取水擦洗镜子、车灯、玻璃、车牌和污迹，不能用水管冲刷；用水超过 800 升的住户就被划为“用水大户”，要向议会提交用水评估表，想方设法找出今后节约用水的途径。

在干旱的首都堪培拉，政府规定居民不得自己洗车，如果要洗车，必须花钱到具备循环用水技术的洗车铺。可以想象，堪培拉满大街跑的车子身上是什么颜色。

在悉尼也不例外，市民被规定只有在周三和周日才能浇灌花园，其他日期一律不允许使用宝贵的水资源，否则将受到约合 1300 多元人民币的处罚。

（2）居民洗澡水变废为“宝”

虽然澳大利亚居民的生活用水只占全国用水的一小部分，但是民众还是从自我做起，节约用水。许多人洗澡的时候，在淋浴喷头下放一个桶，或是用泡完澡的水来浇花，或者用泡完澡后的水拖地洗车。

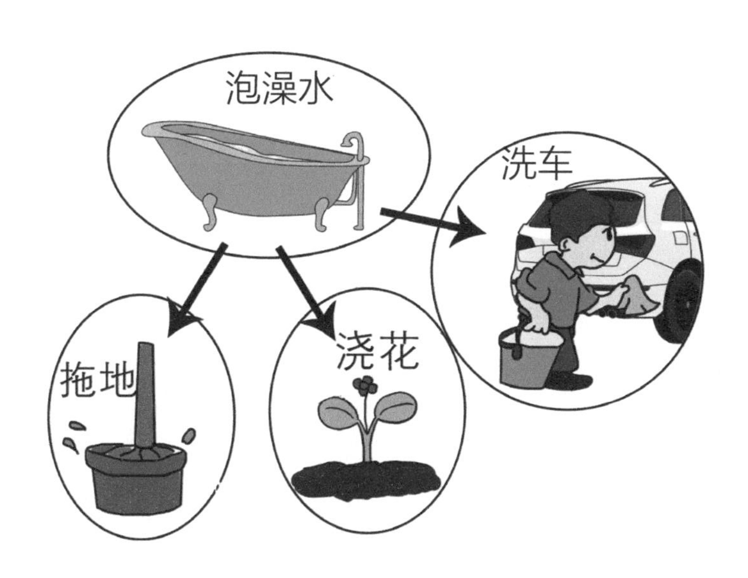

（3）阶梯水价加强节水意识

在澳大利亚，水费的收取并非一吨多少钱这么简单，而是把用水量和水费分层次。用水量在第一层次的，是满足基本生活需求的用水量，收费最便宜；用水量达到第二层次的，收费便多一些；用水量达第三层次的，就要支付很高的费用。

从以上几点可以看出，澳大利亚在节约用水上想尽办法，能省就省，虽然是生活环境所致，但无疑澳大利亚对水的“吝啬”可见一斑了。但是澳大利亚在公共用水方面，却非常慷慨大方。在澳大利亚的公园和人流多的公共场所，甚至在交通路口都有免费的饮水装置。

此外，在海滨浴场，所有的淋浴装置都是免费的。在主要的交通枢纽，比如机场、大型火车站和公共汽车总站都在厕所里设有免费的淋浴装置。